游東運CROISSANT

可頌丹麥麵包

頂級工法全書

源於傳統工法的細膩堅持，
手揉可頌丹麥蓬鬆細緻的酥層美味！

麵包職人

游東運——著

可頌CROISSANT · 丹麥DANISH PASTRY · 大理石MARBLE BREAD · 布里歐BRIOCHE

| 推薦序 |

東運師傅是首屆「UniBread烘焙王麵包大賽」的冠軍得主，當時以作品外型、風味一致的傑出表現，獲得評審團，包含法國最佳工藝師（Meilleur Ouvrier de France）Chef Thomas Planchot極高的評價。

過去，台灣的麵包多師法自日本、歐洲國家，但近十年來台灣烘焙日益成熟，像東運師傅這樣的優秀的烘焙職人紛紛站上國內外賽事的大舞台，充分展現了台灣烘焙的軟實力；越來越多不同風格的麵包店，研發出屬於台灣在地特色麵包，不只是嘴裡吃得美味，視覺上亦是另一種享受，消費者是最大贏家。

麵包技藝的創新與傳承，是烘焙上下游應共同努力的，統一集團身為烘焙產業的一員，不僅在製粉、製油的技術上精進，嚴格落實品質與食安把關，更戮力栽培優秀的烘焙職人，希望為台灣烘焙業貢獻更好的素材與人材。這本書中東運師傅不藏私的示範多種傳統的、創新的麵包製作技法，無論是專業職人或業餘烘友皆能從中受益，期待各位讀者們能透過東運師傅的分享，認識更多烘焙工藝之美。

統一企業股份有限公司 副總經理

吳淑芙

｜推薦序｜

這幾年之中，我創立了Lilian's House這個品牌，位於汐止的一間烘焙教室，我們與各個職人級的烘焙師傅合作，透過工作坊的形式，提供基礎到專業等多種不同層次的課程，使每位參加的學員都能夠深入了解烘焙的藝術。在這些合作過程中，游東運老師是讓我印象最為深刻的其中一位師傅，他擁有15年以上的專業麵包職人經驗，並且在兩次世界麵包大賽中獲得佳績。大部分參與過他的課程的學員，都是慕名而來，但課後都對於這個課程留下美好的回憶。在我的觀察下，他把自己的職業經驗充分地轉化為一般人都可以接受的語言，深入淺出地一步一步帶著學員們完成每個作品，他在課堂裡講說的每個步驟與細節，都讓我感受到他的細心，這個細心是他照顧到每位參與課程的同學，我想這點是尤其困難的，因為每堂課的同學，都來自四面八方，有著不同的年齡、個性與期待，他在每次與同學們的互動中調整自己講課的步調與方法，卻又沒有失去他原本已經用心規劃好的內容。

麵包這門藝術是非常深奧但同時卻又這麼接近我們的生活，這可能也就是它深深吸引我的原因。記得以前還在唸書時，時常在下課時間跑進合作社裡買那些剛出爐卻又很便宜的麵包，在當時一個菠蘿只要十塊台幣，然而之後有機會到歐洲學習這門技藝的關係，讓我經驗到西方人是如何看待麵包與自己的關係。在法國，有間百年的麵包品牌，以特殊材料製作出的菠蘿，在當地被視為一種時尚，價格超乎我的想像，卻依然屹立於巴黎好幾百年。我想無論麵包價格上的昂貴與廉價，這都無法真正體現麵包的價值，對我來說，麵包真正的價值應該是某種包容力，它可以被我們視為一種生活的必需品，它同時也可以在人類幾百年的歷史下，被發展成為一個非常昂貴的時尚產品，它可以是災區裡保持人們體力的一個補給品，它同時也可以是國際會議上代表某個國家的重要形象。

台灣從經濟起飛後到現在，這塊島嶼上的人們，隨著經濟條件的飽滿，對於品味的要求也愈來愈高，這是一個民族對於自己生活美學的執著，時至今日，在我創立Lilian's House以後，透過我們所精心設計的這些課程，我發現現代人渴望著從一個消費者的立場轉換成為一位創作者，我們好像不單單只是期望著要求或是享受那些美味的麵包，跟隨一個職人學習成為創作者，來打造屬於自己的麵包，在這個時代好像顯得更加重要，然而也因為這兩者立場轉化的關係，讓原本只是消費者的我們，有機會從另一個角度來看待自己每天都有可能接觸到的這個食物。

在某個程度上，游東運師傅的這本書，也具有類似的精神，以在家也可製作麵包為基礎，搭配上精要的文字解說，並附上完整的攝影圖片，這些設計不外乎是希望要讓每個人都能透過這本書，在家自己做麵包。對我來說，這本書的推出，是有別於參與工作坊課程的另一種形式的學習，而且更加地深入並且接近我們的日常生活。

Lilian's House經理

許金諺

「要在家做出好吃的可頌丹麥，是不可能的。」也許大家還停留在這樣的觀念想法。
更理所當然會覺得「手擀」美味，是遙不可及的事！

在過去烘焙發展尚未純熟，礙於時間速度的掌控，要在家做出口感道地的可頌麵包，
還得要有真功夫。不過，放眼現今的烘焙教室，將手擀技術帶入教學也不少，顯然可
見手擀的趨勢在專業職人的傳授帶入下，已漸漸深入到家庭中。東運這次的出發立
意，無非就是針對一般沒有專業設備的家庭，以及喜愛可頌麵包、或想專精麵包技藝
者，所做的「手擀酥層」的技巧與訣竅分享。

提到酥層麵包，不得不深入其主要的結構──折疊麵團。折疊麵團中最重要、也最困
難的就是折疊整型的操作，看似細末微小的步驟，卻也是影響口感風味的關鍵，輕忽
不得。在這本書中，可看到東運為讀者的細心規劃，無論是技術層面的，或與酥層麵
包相關的知識概念，都有清楚而深入的說明。當然，最重要的還有以基礎為出發，結
合經典與創意手法運用的成品呈現。在家裡做酥層麵包，就像是隨時在與時間、溫度
的競賽，唯有迅速、掌控得宜才能製作出箇中細緻的風味質地，然而，也如同其他麵
包製作一樣，熟能生巧！因此，跟著經過經驗累積，與反覆測試的雙重驗證的引領，
相信學得會也絕非難事。

這本書，是東運繼《游東運歐式麵包的究極工法全書》之後的力作，書中不但延續第
一本的精彩，還有更多融合創意手法的精湛分享，相當值得大家再次收藏。如果你想
精進手擀酥層麵包的技術，那麼這本絕對不能錯過！

在2014年的一次比賽中，偶然認識了東運，之後也成了烘焙路上的好友。我所認識
的東運，為人謙虛，待人有禮，對於麵包的技術學習更是用心鑽研，時常可看到他有
新的創意跟發想，感受到他對烘焙有源源不絕的熱情和堅定的意念。本書為可頌、丹
麥、大理石、布里歐的創新之作，書中有詳細完整的圖解示範，可讓烘焙愛好者，輕
鬆入門，感受東運對麵包的創新，是值得收藏的一本書。

2015 Mondial du Pain法國世界麵包大賽／總冠軍

CROISSANT

MARBLE

CROISSANT

ALMOND

CHOCOLATE

分享好滋味，分享快樂

夏天不適合做可頌？手擀可頌就不漂亮嗎？這是一直以來不斷反覆思考、探問自己的問題，基於這樣的想法，我嘗試著突破，以求不管在任何時節，沒有冷氣和壓延機等設備，或環境條件不甚理想的狀況，都能藉由技術、經驗來克服，達到該有的風味水準。

為了達到目的，我與可頌開始了與時間、速度之間的極速競賽。掌控操作溫度與速度，也透過靜置與冷凍的時間，維持麵團在適度的溫度，好讓最終成型的可頌層次分明，品嚐時同樣也能保有香酥脆的口感。過程中為了能更好，我也試著從原有的框架中解放出來，融合技巧變化出的新穎手法，雙色、繽紛霓彩、漩渦花編、虎紋迷彩、巴黎香榭……，這些將概念轉化的新創詮釋，對我來說也代表著精練技巧挑戰與自我突破。

市面上看到的相關書籍，多數都是國外翻譯的。精湛作品與技藝讓人驚艷，但往往卻也僅止於「望圖興嘆」，因為決定性的關鍵無從得知，需要投入大量的熱情在無止盡的關卡中摸索，而這不免讓想從中學習的人因屢屢挫敗，心有失落的感受。這也是我決定在書中同時就機器、手擀兩種壓延方式介紹的原因之一，要讓無論是專業、或自家烘焙的愛好者都能無礙挺進。

這本書中收錄了可頌、丹麥、大理石、布里歐4大麵包類型，每款都是經過我深思考量、實作測試過無數次的。不只含括時下新潮的技法，更就基本的麵團筋性判斷、裹油細節、發酵程度、烘烤等製作技巧，以大量的步驟圖解說明，藉由詳細的步驟拆解，讓大家能更貼近、猶如置身實作般清楚學習。

做麵包不只是分享好滋味，更是分享快樂！希望這本書能帶給大家有不同的體驗與喜悅感受，能從中有所獲。

2019世界麵包大賽Mondial Du Pain
總亞軍、甜麵包特別金獎

游東運

contents

Part1

Croissant

酥脆滑潤，可頌麵包

本書通則

＊ 麵團發酵所需時間，會隨著季節及室溫條件不同而有所差異，製作時請視實際狀況斟酌調整。

＊ 計量要正確、水量可視實際情況斟酌調整！處理麵團時要輕柔小心；發酵時表面要覆蓋保鮮膜（或濕布），不可讓麵團變乾燥。

＊ 烤箱的性能會隨機種的不同有差異；標示時間、火候僅供參考，請配合實際需求做最適當的調整。

＊ 每種麵包各有不同特色，配合製作的難易程度以「★」記號標示等級難易，提供參考。

手擀多層酥軟的
極致旅程

Marble Bread

- **內層組織**：斷面帶有深淺分明的線條紋理。
- **口感**：濕潤軟 Q，滋味香甜具醇厚可可香氣風味。
- **色澤外觀**：造型樣貌豐富多變。

Brioche

- **內層組織**：具濃郁奶香、奶油色內層質地。
- **口感**：外層鬆軟，內裡柔潤綿密、味香甜，口感輕盈，具濃醇奶香味。
- **色澤外觀**：具獨特鬆軟感，造型百變。

馥郁奶油芳香，酥脆口感、層層重疊的溫潤質地…
獨特的外形，美麗的色澤，層疊出華麗的造型，
舉凡折疊麵團的可頌、丹麥，以及大理石麵包，
或精緻的布里歐等，皆屬「維也納風 Viennoiserie」甜酥麵包的範疇。

這裡將由獨特迷人的 4 大類，帶您深入美味極致的酥層世界——
一窺折疊麵團，層疊內裡、層次、口感，酥層裡的美味祕密。

Croissant

- **蓬鬆度**：油脂層確實呈現，展現蓬鬆
  輕盈感。
- **內層組織**：層次壁壘分明，氣孔均勻
  分布。
- **口感**：輕巧、香酥脆，整體一致，內
  部口感溫潤，散發濃郁奶油芳香。
- **色澤外觀**：帶焦酥的金黃烤色，層次
  分明造型立體。

Danish Pastry

- **蓬鬆度**：展現蓬鬆感。
- **內層組織**：酥皮層次分明，氣孔均勻
  蓬鬆。
- **口感**：外酥鬆脆內濕潤，有多變香醇
  的內餡，帶有濃郁奶油風味。
- **色澤外觀**：造型獨具特性，外皮烤色
  偏深。

製作的基本工具

從揉和麵團到裹油擀壓，不論手揉或用機具製作都 OK！這裡就備製使用的器具開始，介紹製作的基本器具。

大型機器

- 攪拌機 | 本書使用的是直立式攪拌機，勾狀攪拌臂，適用於軟質系的麵團攪拌。

- 發酵箱 | 可設定適合麵團發酵的溫度及濕度條件。通常使用於中間發酵及最後發酵。

- 壓麵機 | 將麵團擀壓薄狀的機器，有調整設定的裝置，用於麵團厚度的延展，調整至適合的厚度。

- 烤箱 | 專用大型烤箱，可設定上下火的溫度，也能注入蒸氣。另外也有氣閥，可在烘焙過程中排出蒸氣，調節溫度。

中小型工具

- 電子秤 | 測量材料使用，有能量測至 1g 單位的電子秤；以及可量測至 0.1g 單位的微量秤。

- 攪拌盆 | 可運用在材料的備製、混拌、發酵等作業，有不同的尺寸大小。

- 攪拌器 | 用於溶解酵母或製作奶油餡時，攪拌打發或混合材料使用，以鋼絲圈數較多的為佳、較好操作。

- 橡皮刮刀 | 攪拌混合，或刮取殘留在容器內的材料、減少損耗，以彈性高、耐熱性佳的材質較好。

- 擀麵棍 | 用於擀壓延展麵團，使麵團厚度平均，或整型時使用的工具，可配合麵團的用量及用途選擇適合的尺寸。

- 切麵刀、刮板 | 用來切拌混合、整理分割，或刮起沾黏在檯面上的麵團整合使用。

- 網篩 | 用來過篩粉類的顆粒雜質、篩勻粉末。小尺寸的濾網適用於表面粉末的篩灑裝飾。

- 電子溫度計 | 測量水溫、煮醬溫度，以及麵團揉和、發酵完成的溫度等。

- 割紋刀 | 用來切割麵團表面切紋的專用刀。

- 滾輪、拉網切刀 | 用於丹麥麵團的紋路切割。

- 擠花袋、擠花嘴 | 用來擠製麵糊，或填擠內餡時使用。

- 毛刷 | 在模型內壁塗刷油脂，防止沾黏；或在烘烤前塗刷蛋液，完成後塗刷糖水時使用，增加光亮色澤、防止水分流失。

- 烤焙紙 | 耐熱性高，鋪在烤模中避免麵團沾黏或烤焦。書中有利用烤焙紙隔開烤盤，壓蓋烘烤的操作。

麵包的4大基本材料

麵粉、酵母、水、鹽,是製作麵包的基本
材料,以此為基本再添加油脂、蛋與其他
風味材料等增添甜味、香氣的副材料,就
能變化出風味豐富的各式麵包。

麵粉
Flour

麵包製作，基本上以使用含較多麵筋組織形成所需蛋白質的高筋麵粉、或法國粉為主，但為呈現部分成品的特色需要，會搭配不同筋性的麵粉調配使用。

酵母
Yeast

酵母的種類，依水分含量的多寡，分為新鮮酵母與乾酵母。製作麵包時，可就其特性做適合的用途使用。

水分
Water

水可以幫助麩質的形成。減少水量會讓麵包質地變硬，增加的話則能做出柔軟而富有彈性的口感。

鹽
Salt

鹽可緊縮麵團的麩質，讓筋性變得強韌，若不加鹽，會使麵團濕軟易沾黏，不好塑型。鹽的用量基本為粉類分量的 1.5-2%，用量過多不只會影響風味，還會抑制發酵，影響膨脹。

麵粉

- **法國粉**｜法國麵包專用法，專為製作道地風味及口感製成的麵粉，蛋白質含量近似於法國的麵粉，性質介於高筋與中筋麵粉之間。其型號（Type）的分類是以穀麥種子外穀的含量高低區分。

- **高筋麵粉**｜蛋白質含量高筋性強，容易形成強韌的筋性，是麵包製作的主要材料。

- **低筋麵粉**｜蛋白質含量低，筋性較弱較易揉和，若想展現出麵包的輕量感，可與高筋麵粉混合使用，不適合單獨用於麵包製作。

天然風味用料

天然風味粉，覆盆子粉、紫心地瓜粉、可可粉、咖啡粉、紅麴粉等，以及香氣濃厚的香草粉、肉桂粉等，不僅可用於表面的裝飾，混入麵團中製作，可增加麵包的風味香氣，並能為麵包帶出別具的風味與色澤。

油脂類

- **無鹽奶油**｜不含鹽分的奶油，具有濃醇的香味，是在製作麵包最常使用的油脂。

- **發酵奶油**｜經以發酵成製的奶油，帶有乳酸發酵的微酸香氣，風味濃厚，含水量少，可為製品帶出十足香氣。

- **片狀奶油**｜用於折疊麵團的裹入油使用，可讓麵團容易伸展、整型，使烘焙出的麵包能維持蓬鬆的狀態。

蛋

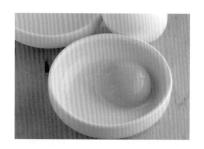

可增加麵團的蓬鬆度，讓麵團保有濕潤及鬆軟口感，以及增添營養與風味。塗刷麵團表面能增添光澤烤色。

酵母

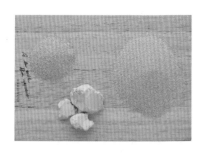

- **新鮮酵母**｜未經乾燥的酵母，含水量高達70%，必須冷藏保存（約5℃）。可分成小塊直接混在粉類中使用，若是攪拌時間較短的麵團，則可先與水拌融再使用。適用於糖分多的麵團，與冷藏儲存的麵團。

- **低糖速溶乾酵母**｜酵母能夠完成發酵需要吸收糖分。低糖用酵母的發酵力強，只需要少許糖分就能發酵，適用糖含量（5% 以下）的無糖或低糖等麵團。

- **高糖速溶乾酵母**｜相對於低糖用酵母，高糖酵母的發酵力較弱，適用糖含量（5% 以上）的高糖麵團，如大理石、布里歐麵團。

糖類

- 細砂糖｜糖能增加甜味外，並能促進酵母發酵增添麵包蓬鬆感；保濕性高，能讓麵包濕潤柔軟。

- 糖粉｜將細砂糖磨碎成粉末狀的製品，可用在麵包製作，表面裝飾，以及糖霜製作。

- 上白糖｜相較於細砂糖細緻，水分較多，有較佳的保濕性；若沒有上白糖可用細砂糖代替。

- 珍珠糖（細粒）｜顆粒稍粗、呈白色，烘烤也不易融化，擁有輕甜香脆和入口即溶的口感。

- 蜂蜜｜添加麵團中能提升香氣、濕潤口感，以及上色效果。

- 葡萄糖漿｜甜度及黏度適中，用於內餡的搭配製作。

麥芽精

濃稠不易融化，可先溶於水中使用。含澱粉分解酵素，具有轉化糖的功能，能促進小麥澱粉分解成醣類，成為酵母的養分，可活化酵母促進發酵，並有助於烘烤製品的色澤與風味。

乳製品

- 牛奶｜含有乳糖，可使麵包呈現出漂亮的顏色，提升麵包的風味及潤澤度，以及增加微甜的口感及香氣。可視實際的麵團種類，與水分做調節搭配。

- 鮮奶油｜具濃醇的風味，適合精緻系的麵包使用。

- 奶粉｜牛奶乾燥製成的粉末，帶有乳香氣味。

- 煉乳｜加糖煉乳，用於甜味濃郁的麵團製作。

其它

- 吉利丁片｜凝結劑，融解溫度在50-60℃，須先泡軟後再使用。

- NH 果膠粉｜用於熬煮覆盆子果醬使用。

- 鏡面果膠｜塗刷表面，增艷亮並有保濕作用。

特別講究的麵粉

書中使用的法國粉，為麥典法國麵包專用粉（麥典法國粉），適用於各式歐式麵包、丹麥、可頌等；高筋麵粉，為麥典實作工坊麵包專用粉（麥典麵包專用粉），適用於各式麵包、吐司等；低筋麵粉，為統一麵粉低筋一號。

特別講究的奶油

書中使用的裹入油，為卡多利亞片狀奶油；配方中使用的無鹽奶油，為羅亞發酵風味奶油（羅亞發酵奶油）；餡料製作使用的豬油，為香豬油王純豬油。

增 添 風 味 的 材 料

堅果烤過後更富香氣色澤，果乾浸漬使其飽含水分後運用麵團中，可為麵包的口感風味賦予更多變化。

杏仁條

水滴巧克力

橘皮絲

開心果

珍珠糖（粗）

栗子餡

巴芮可可脆片

杏桃乾

玉米脆片

草莓乾

杏仁片

乾燥覆盆子

果膠

巧克力棒

榛果粒

核桃

黑糖麻糬

蜜漬栗子粒

杏仁角

蜜紅豆粒

榛果醬

芒果乾

蔓越莓乾

苦甜巧克力

米香粒

葡萄乾

無花果

製作的必知要點

將麵團包裹奶油，經以折疊擀壓，烘烤後，麵團間的油脂融化形成油膜，而麵團裡的水分也因汽化蒸發成水蒸氣，滲進油層間，致使各麵層的推動促使麵團膨脹撐起麵層，在薄膜與薄膜間形成縫隙，並層層交相堆疊的層次展現，因而形成酥脆的口感。這正也是酥層類麵包極為迷人的特色魅力！

不同的麵團材料、水分含量、油脂種類，以及折疊層次間的相互作用，影響著其成型與質感。為保持穩定的質地，在材料的搭配，以及製作的工序：麵團攪拌、裹油折疊、鬆弛、整型等，每個環節都要控制配合，以成製完美的口感質地。

麵團的攪拌搓揉

依麵包麵團的種類特性，攪拌的程度有所不同。以糖油含量高（軟質）的布里歐團來說，為能製作出膨脹鬆軟且潤澤的口感，必須攪拌至麩質網狀結構呈現可透視指腹的薄膜狀。

由於含油比例高，攪拌時不要在開始就將奶油與其他材料一起攪拌，要等麵團已攪拌到有基本薄膜時，再切小塊加入攪拌。攪拌完成的麵團最好以低溫緩慢時間的發酵，產生的風味較好。

包裹入油的麵團，因為要包裹奶油反覆折疊，而折疊的作業又有近似攪拌的作用，為了不讓麵團在反覆折疊後形成過強筋性，因此麵團不需過度揉和，以攪拌到柔軟有彈性的筋度狀態即可。原則上，包裹入油用

的麵團，以攪拌到擴展約 7-8 分筋的狀態較適合，適中的筋性，在裹油操作時才不會破裂，也才不會讓後續的延展作業變得難以施展。攪拌完成的麵團溫度控制在 25-26℃左右為宜。

麵團狀態的確認

攪拌充足的麵團帶筋度，將麵團輕輕延展後能拉出有彈性的薄膜，攪拌完成與否可由此狀態判斷。

麵筋擴展

麵團柔軟有光澤、具彈性，撐開麵團會形成不透光的麵團，破裂口處會呈現出不平整、不規則的鋸齒狀。（例如：可頌／丹麥麵團）

→用手拉出麵皮具有筋性且不易拉斷的程度。用手將麵皮往外撐開形成薄膜狀時，可看到其裂口不平整且不平滑。

完全擴展

麵團柔軟光滑富彈性、延展性，撐開麵團會形成光滑有彈性薄膜狀，破裂口處會呈現出平整無鋸齒狀。（例如：布里歐麵團）

→用手撐開麵皮，會形成光滑的薄膜形狀且裂口呈現出平整無鋸齒狀的狀態。

翻麵－壓平排氣 （法國老麵）

法國老麵的翻麵（壓平排氣），就是對發酵後的麵團施以均勻的力道按壓，讓麵團中產生的氣體得以排除，重新產氣的作業。

◎三折疊的翻麵方法

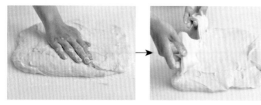

① 用手輕拍按壓麵團使其平整。

② 將麵團一側向中央折疊1/3。

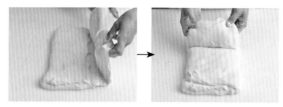

③ 另一側向中央折疊1/3。

④ 再從下方向中間折疊。

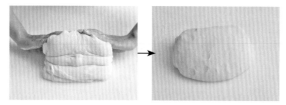

⑤ 再從上方向中間折疊。

⑥ 將整個麵團翻面,使折疊收合的部分朝下。

不好。過硬,不好延展,折疊時就易有奶油斷裂,麵團不能均勻包覆到奶油的「斷油」狀況,使製成的酥層失去連貫的狀態;又或使得油脂的顆粒穿破到麵層內,破壞油層麵皮,層次無法分明呈現,就烤不出漂亮有的麵包;至於過軟,奶油則容易從麵團中溢出,烘烤時直接與麵粉結合,而麵粉也會吸收奶油水分,層次也就無法分明呈現。

經過折疊的麵團就會變軟,為避免奶油在擀製時融化,造成出油或吃油的情況,折疊與折疊之間必須視狀態適當的冷凍鬆弛。但也不能讓麵團溫度過低,否則油脂會因不當的擀壓而破壞油層。

關於麵團轉向

轉向90度,使原本的長度部分,變成寬的部分,可使麵筋向各不同的方向延展,而非只是就單方向(縱向)伸展,若是沒有平均的延展,在烘烤時將會變形,或是有不均勻的收縮情形,烤不出美麗的造型。

[酥層的美麗層次]

裏油麵包的造型多變化,因應造型和折疊方法的不同,製作時折疊的層次也有所不同。折疊次數的不同決定製品的層次細緻度。

麵團的裏入折疊

將麵團裏入奶油折疊時,麵團與奶油必須處於近似的軟硬、展延狀態(冰涼的狀況,以彎折其側邊小角會呈挺立直角,不會有斷裂或立即躺回的狀態),這樣在折疊操作時才能減少斷油的情形,才能做出完美細滑的酥層。

裏入的固狀奶油需要有一定的柔韌性,太硬或太軟都

折疊次數的層次差異

擀折的次數越多,麵團與麵團內的裏入奶油就越薄,層次自然繁複交疊。

折疊層次時,基本上會進行3次3折的作業,不同的折疊方式,會有不同的口感、風味呈現。因此,可依照想要的口感來做層次的增減調整。減少折疊次數,層次會比較粗,麵層較厚實,能展現酥脆口感,缺點是麵團與油脂容易有分離。

若增加折疊次數,口感會較輕脆,但相對油脂層也會變得較薄,容易會因麵團的破裂而沾黏,致使奶油融入到麵團裡,烤出的層次就不會漂亮分明。

常見的折疊方式有：

3折3次（3×3×3）；3折2次（3×3）；4折2次（4×4）；3折1次、2折1次、3折1次（3×2×3）等方式。若是初學者或以手工擀壓方式製作的，建議以4折1次、3折1（4×3）次為宜。

◎折疊方式

A 單折疊（3折）

① 將左側麵團向內的1/3處折疊。

② 再將右側麵團向內的1/3處折疊。

③ 折疊成3折。

④ 單折疊（側面折數示意）。

B 雙重折疊（4折）

① 將左側麵團向內的3/4處折疊。

② 再將右側麵團向內的1/4處折疊。

③ 再將麵團對折（折疊成4折）。

④ 雙重折疊（側面折數示意）。

◎酥層層次的計算方式

2雙重折疊：4×4＝（4^2）＝16層次
3單折疊：3×3×3＝（3^3）＝27層次

量度與整型

裹油類麵包，或非裹油類麵包（如，大理石、布里歐等），麵團切割的流程如同一般麵包，都要準確的量測。且麵團延展切割後，都必須給予時間鬆弛，讓繃緊的麵筋回復延展彈性，以便後續的整型。倘若沒有鬆弛，就將還呈緊縮狀態的麵團做切割或整型，那麼麵團則會因過度的拉扯，造成變形或有粗糙破裂的情形。

裁切整型時要避免與切面碰觸，盡量由上向下壓切的方式，因為前後不當的施力拉動，與手溫會破壞油層影響層次的呈現。而為形成美麗的層次，在切割擀壓好的裹油麵團時，會就不平整的兩側部分切除，並先就折邊切齊、再分割裁切。

◎量度＆裁切

① 先切除邊緣不平整的部分。

② 用尺就所需量測長×寬，以刀尖標記尺寸記號。

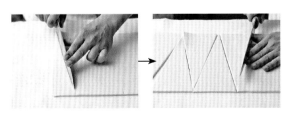

③ 為形成漂亮的層次，會先就兩側邊切除、折邊切齊。

④ 再就標記成的記號，分割裁切。

［ 發酵 ］

為使整型後緊實的麵團在烘烤時能烘烤出膨脹的體積，必須讓麵團作適度的鬆弛。整型後的發酵與攪拌後的基本發酵不同，會因麵包種類而有不同的適合溫度條件。裹油類麵團其發酵溫度應低於麵團中裹入油的熔點溫度。若溫度太過水分流失，油脂融化溢出，折疊形成的酥層層次就會消失，不會分明呈現，烘烤好的質地就會像一般麵包，不會有酥脆蓬鬆的口感。

整型完成後的最後發酵，建議先在室溫放置大約 30 分鐘，再放發酵箱進行最後發酵後（溫度 28℃，濕度 75%），室溫稍乾燥 5-10 分鐘，稍作緩解，減少溫差造成的壓力。

◎最後發酵 3 部曲

① 將整型好的麵團，先放置室溫約 30 分鐘。

② 再移進發酵箱做最後發酵。

③ 待發酵完成，再放室溫稍乾燥 5-10 分鐘稍作緩解。

④ 完成後進行烤前的塗刷裝飾。

關於解凍

麵團表面的溫度與中心溫度一致，烘烤時膨脹性才會好，烤好的成品質地才會佳。若中心溫度未解凍完成就烘烤，烘烤後中心處容易有硬塊的情形，因此在解凍時，最好讓麵團在室溫進行完整的解凍，這樣烤出來的成品膨脹性會較好。

［ 烤色的深濃美學 ］

油脂在高溫烘烤中融化所產生的蒸汽是促使層次膨脹的關鍵之一。原則上烘焙時間取決於製品的大小而定，但一般來說，為使油層裡的水分能迅速蒸發，促使層次膨脹、形成分明層次，烘烤的溫度會稍提高，約以 210℃～ 240℃左右的高溫烘烤。

如果以低溫烘烤，烘烤時間相對必須延長，不僅會造成油脂流失，無法烤出蓬鬆酥脆的口感，也會使表面過度乾燥而變硬，破壞原本該有的風味。因此烤焙的溫度與時間很重要，溫度要夠、時間要足，這樣才能完全烘烤出層次，烤出酥脆的外皮。

蛋液的塗刷

塗刷蛋液可讓烘烤製品有漂亮的光澤烤色，也可以作為黏貼酥層皮的用途，不過因應所需的不同效果，會有不同比例的使用。塗刷可頌用的基本蛋液，是以蛋黃、全蛋、鹽作為不同的調和比例。

塗刷蛋液時，注意不宜過厚，否則會造成表面因聚積過多的蛋液，造成黏口，或上色不均，或烤色過深焦黑等。而為了達到最佳的光澤效果，可分別在發酵過程中先塗刷 1 次，待烤焙前再塗刷 1 次。至於布里歐麵包，蛋液的配方調製，以 1 顆全蛋、少許鹽調和均勻即可。

類型	調和比例
烤色淺	蛋黃1個＋全蛋1個＋鹽少許
烤色適中	蛋黃2個＋全蛋1個＋鹽少許
烤色深	蛋黃3個＋全蛋1個＋鹽少許

← 刷毛與捲紋平行的動線塗刷，避免破壞層次。

糖水的塗刷

塗刷蛋液外，為減少烘烤後的上色程度，針對不同的製品特色，會有塗刷蛋白液，或者烤後塗刷糖水的操作。像是雙色折疊的麵包，為突顯麵團色彩的光澤亮度，會以 1 顆蛋白、少許鹽調和的蛋白液為主；或者不塗刷蛋白液，直接在烤好後塗刷糖水提升亮澤度。

A 糖水

製作：將細砂糖 130g、水 100g 煮沸即可。

B 香草糖水

製作：將細砂糖 130g、水 100g 煮沸，再加入香草酒 30g 拌勻即可。

C 荔枝糖水

製作：將細砂糖 130g、水 100g 煮沸，再加入荔枝酒 40g 拌勻即可。

美味的保存

可頌丹麥等酥層類，是以富含油脂的麵團層層堆疊而成，烤焙後層層麵皮間形成許多空隙，這也是酥脆口感的原因。然而酥脆的口感，在經過一段時間就會慢慢塌陷消失，若要享受最佳的極致口感，以當日烘烤出爐最為美味。

完成麵團的保存

一般自家的需求量不多，而裹油麵團的製作，一次大量或少量都不好操作，因此若是在家製作，建議可以食譜配方中的分量為原則，或以 2 倍的量較適合。整型好的麵團，若無法當天發酵烤完，可用塑膠袋包好，冷凍可保存 3 天，但要注意冷凍溫度不能過高（不能高於 -5℃），會使酵母失去活性影響膨脹性，烤好的麵包體積會偏小、口感會偏硬。

美味的保存 & 烘烤

酥層類，或鹹口味的麵包，當日食用最能享有極致口感。酥層麵包由於外層酥脆容易剝落，可直接放置保鮮盒密封保存，冷凍保存約 1 星期；或冷藏保存 1 天。布里歐可保存較長，密封冷藏保存 1 天，冷凍保存約 7 天。食用回烤時，由於酥層麵包，以及含蛋、糖成分高的布里歐類，表面很容易烤焦，加熱時要特別注意，建議可先包覆鋁箔紙，再用烤箱短時間加熱烘烤。

美味的切法

無論是何種麵包，都不適合在出爐時就立刻分切，會破壞內部的彈性結構，原則上會待冷卻後再進行。可頌丹麥這類麵包，由於表層是薄脆的外層，切製時最好是以大幅度緩慢的垂直縱切到底，較能保留酥皮多層次的形狀與口感。

酥層裡的
美味祕密

在了解基本的製作要點後，
接下來就來挑戰製作折疊麵團，烘烤酥層麵包吧！

製作可頌、丹麥等口感酥脆的麵包時，
最困難且最重要的關鍵，就是折疊的作業，
折疊裹入整型時，必須在麵團冰涼的狀態下進行，
且必須注意不使奶油在作業中融化，
確保麵團與奶油相互隔離不混淆交融是重點。

自製大理石巧克力片

適用 — 大理石麵團

材料（500g）

牛奶…203g
全蛋…84g
細砂糖…69g
低筋麵粉…17g
CacaoBarry64%…94g
羅亞發酵奶油…27g
吉利丁片…6g

作法

01 吉利丁片放入冷水中浸泡至軟化。

02 將牛奶以中小火加熱煮沸。

03 將細砂糖、全蛋、低筋麵粉混合拌勻。

04 再將煮沸的作法②，邊拌邊沖入到作法③中混合拌勻。

05 再回煮，邊拌邊加熱至濃稠，離火。質地呈濃稠狀態。

06 加入軟化的吉利丁拌勻。

07 加入奶油混拌至完全融合。

08 待降溫至約45℃，再加入巧克力。

09 攪拌混合均勻至完全乳化。

10 將作法⑨過篩均勻（或均質過至質地細緻）。

11 裝入塑膠袋中，用刮板平整聚合，推擠出空氣。

12 用擀麵棍擀壓平整成25cm×18cm片狀。

13 冷藏，即成。

擀製片狀奶油

適用 — 可頌、丹麥麵團

材料（500g）

卡多利亞片狀奶油…500g

作法

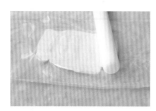

01 將冰涼堅硬狀態的奶油放置檯面，表面覆蓋塑膠袋。

02 用擀麵棍來回仔細地輕敲打奶油。

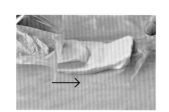

03 敲打後做折疊，將奶油右側1/3向內折疊。

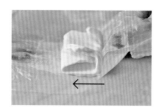

04 將奶油左側1/3向內折疊。

05 翻面，轉向放置。

06 同樣仔細地輕敲打反面。

07 再由中心朝四邊角方向擀壓均勻延展開。

若過程中產生融化現象時，必須立即再放冷藏冰鎮後再繼續操作。

08 擀壓平整至厚度均勻。

09 整型成所需的尺寸、厚度。

10 用塑膠袋包覆、冰硬。

將奶油延展至表面與內側的硬度相同，即使冰涼的狀態下，彎折也不會有斷裂的狀態，即可。

市面有專用於折疊裹入使用的片狀奶油，以及大理石麵團專用的大理石巧克力片，可供選購方便操作；若想自製也就書中的作法，擀製所需的尺寸大小加以運用。

使用壓麵機（丹麥機）在操作上省時省力，一般家庭沒有此種專業設備，也可用手擀的方式操作，只要掌控好速度與時間。原則上壓麵機以3折、或4折為基本，若是手工擀壓建議以4折1次、3折1次的擀折方式較為適合。

A

3×2×3折疊法

適用 ── 可頌、丹麥類
3折1次，2折1次，
3折1次

折疊裹入─包裹裹入油

01　輕敲平裹入油，平整至成軟硬度與麵團相同的長方狀。

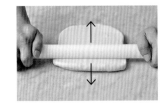

02　將冷藏過的麵團壓平，由麵團中央向上，再向下擀壓平成長方片（配合裹入油的尺寸），寬度相同，長度約為裹入油的2倍長。

03　將裹入油擺放麵團中間。

04　用擀麵棍在裹入油的左右兩側邊稍按壓出凹槽。

05　將左右側麵團朝中間折疊，完全包覆住裹入油。

06　但麵皮兩端盡量不重疊。

07　將接口處稍捏緊密合，確實包裹住奶油。

08　將上下兩側的開口處捏緊密合，讓奶油不外露。

09　完全包裹住奶油，避免空氣進入。

10　用擀麵棍輕輕反覆敲打麵團。

11 讓奶油和麵團可以緊密貼合
（防止麵團錯開分離）。

12 轉向，由中間向上再向下
壓延展成長片狀。

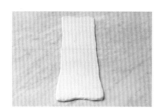

13 擀壓平整薄至成厚0.8cm的
長片狀，再將兩側邊切除。

> **折疊裹入－3折1次，**
> **2折1次，3折1次**

14 將左側1/3向內折疊。

15 將右側1/3向內折疊。

16 折疊成3折（**3折1次**），從
側面看為3折。

17 擀麵棍輕按壓兩側開口邊，
讓麵團與奶油緊密貼合。

18 轉向，擀壓平整後，再對折
（**2折1次**）。

19 擀麵棍輕按壓兩側開口邊，
讓麵團與奶油緊密貼合。

20 用塑膠袋包覆，冷凍鬆弛約
30分鐘。

21 麵團擀壓平整至厚0.8cm，
再將左側1/3向內折疊。

22 再將右側1/3向內折疊成3折
（**3折2次**）。

23 擀麵棍輕按壓兩側開口邊，
讓麵團與奶油緊密貼合。

24 用塑膠袋包覆，冷凍鬆弛約
30分鐘。

B

3×3×3折疊法

適用 — 可頌、丹麥類
3折3次

折疊裹入一包裹入油

01　參照「A手擀折疊麵團」
P29，作法1-13的折疊方式，
將片狀奶油包裹入麵團中。
依法操作，擀壓平整成厚約
0.8的長片狀。

折疊裹入—3折3次

02　將左側1/3向內折疊。

03　再將右側1/3向內折疊。

04　折疊成3折（**3折1次**），從
側面看為3折。

05　擀麵棍輕按壓兩側開口邊，
讓麵團與奶油緊密貼合。

06　轉向，將麵團擀壓平整後，
再將左側1/3向內折疊。

07　再將右側1/3向內折疊，折
疊成3折（**3折2次**）。

08　擀麵棍輕按壓兩側開口邊，
讓麵團與奶油緊密貼合。

09　用塑膠袋包覆，冷凍鬆弛約
30分鐘。

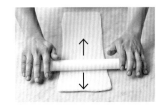

10　麵團擀壓平整至厚0.8cm。

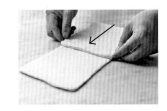

11　再將左側1/3向內折疊。

12　再將右側1/3向內折疊。

13　折疊成3折（**3折3次**）。

14　輕按壓兩側的開口邊，讓麵
團與奶油緊密貼合，包覆，
冷凍鬆弛約30分鐘。

C

4×4折疊法

適用 ── 可頌、丹麥類
4折2次

折疊裹入─包裹入油

01　參照「A手擀折疊麵團」
　　P29，作法1-13的折疊方式，
　　將片狀奶油包裹入麵團中。
　　依法操作，擀壓平整成厚約
　　0.8的長片狀。

折疊裹入─4折2次

02　將右側3/4向內折疊。

03　再將左側1/4向內折疊。

04　折疊成型。

05　再對折。

06　折疊成4折（**4折1次**），從側
　　面看為4折。

07　擀麵棍輕按壓兩側開口邊，
　　讓麵團與奶油緊密貼合。

08　用塑膠袋包覆，冷凍鬆弛約
　　30分鐘。

09　將麵團放置撒有高筋麵粉的
　　檯面上，擀壓平整至成厚約
　　0.8cm。

10　依法將右側3/4向內折疊。

11　再將左側1/4向內折疊。

12　折疊成型。

13　再對折，折疊成4折（**4折2
　　次**），從側面看為4折。

14　輕按壓兩側的開口邊，讓麵
　　團與奶油緊密貼合，包覆，
　　冷凍鬆弛約30分鐘。

4折1次
3折1次折疊法

適用 —— 可頌、丹麥類
新手基礎手擀的折疊法

折疊裹入—包裹入油

01　參照「A手擀折疊麵團」P29，作法1-13的折疊方式，將片狀奶油包裹入麵團中。依法操作，擀壓平整成厚約0.8的長片狀。

折疊裹入—4折1次，3折1次

02　將右側3/4向內折疊。

03　再將左側1/4向內折疊。

04　折疊成型。

05　再對折。

06　折疊成4折（**4折1次**），從側面看為4折。

07　擀麵棍輕按壓兩側開口邊。

08　讓麵團與奶油緊密貼合。

09　用塑膠袋包覆，冷凍鬆弛約30分鐘。

折疊時，邊端先對齊，這樣才能折出整齊的麵團；四邊角若不是呈直角的話，油就會無法到達角落。

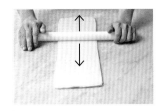

10　將麵團放置撒有高筋麵粉的檯面上，擀壓平整至成厚約0.8cm。

11　將左側1/3向內折疊。

12　再將右側1/3向內折疊。

13　折疊成3折（**3折1次**）。

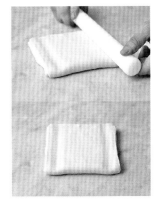

14　輕按壓兩側的開口邊，讓麵團與奶油緊密貼合，包覆，冷凍鬆弛約30分鐘。

手擀折疊大理石麵團
（披覆白皮）

適用 —— 大理石類
4折1次，披覆外層白皮

折疊裹入—包裹大理石片

01　將冷藏麵團稍壓平後，由麵團中間向上，再向下擀壓平成36×25cm片狀（配合大理石片的尺寸），寬度相同，長度約為大理石片的2倍長。

02　將大理石片擺放麵團中間，用擀麵棍在大理石片的兩側邊稍按壓出凹槽。

03　將左右側麵團朝中間折疊，完全包覆住，但麵皮兩端盡量不重疊。

04　將接口處稍捏緊密合。並將上下兩側的開口處捏緊密合，使其不外露。

05　完全包裹住大理石片，避免巧克力溢出。

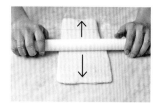

06　轉向，用擀麵棍分段由中間向上，再向下擀壓延展成長片狀。

07　擀壓平整薄至成厚約0.5cm的長片狀。

折疊裹入—4折1次

08　用切麵刀將兩側邊切除。將一側3/4向內折疊。

09　再將另一側1/4向內折疊，折疊成型。

10　再對折，折疊成4折（**4折1次**），從側面看為4折。

11　用擀麵棍輕按壓兩側的開口邊，並將氣泡擀出，讓麵團與大理石片緊密貼合。

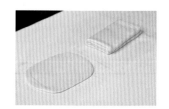

12　另將外皮麵團，擀壓延展成稍大於折疊麵團的大小片狀。

13　再將擀好的外皮麵團覆蓋在折疊麵團上，沿著四邊稍加捏緊貼合，包覆，冷凍鬆弛約30分鐘。

F

手擀折疊大理石麵團
（披覆黑皮）

適用 —— 大理石類
4折1次，披覆外層黑皮

折疊裹入－包裹大理石片

01 將冷藏麵團稍壓平後，由麵團中間向上，再向下擀壓平成36×25cm片狀（配合大理石片的尺寸），寬度相同，長度約為大理石片的2倍長。

02 將大理石片擺放麵團中間，用擀麵棍在大理石片的兩側邊稍按壓出凹槽。

03 將左右側麵團朝中間折疊，完全包覆住，但麵皮兩端盡量不重疊。

04 接口處稍捏緊密合。並將上下兩側的開口處捏緊密合，完全包裹避免巧克力溢出。

05 轉向，將麵團分段由中間向上，再向下擀壓延展，平整薄至厚約0.5cm的長片狀。

折疊裹入－4折1次

06 用切麵刀將兩側邊切除。將一側3/4向內折疊。

07 再將另一側1/4向內折疊，折疊成型。

08 再對折，折疊成4折（**4折1次**），從側面看為4折。

09 輕按壓兩側的開口邊，並將氣泡擀出，讓麵團與大理石片緊密貼合。

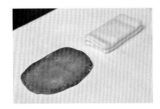

10 另將可可外皮麵團，擀壓延展成稍大於折疊麵團的大小片狀。

11 再將擀好的可可外皮覆蓋在折疊麵團上。

12 沿著四邊稍加捏緊貼合。

13 用塑膠袋包覆，冷凍鬆弛約30分鐘。

香甜美味的內餡&抹醬

別具特色的各式內餡，可增添不同的酸甜風味，不論作為內餡，或裝飾搭配都適合！這裡就酥層麵包相襯的基本卡士達餡、杏仁餡介紹，讓你搭出獨具的美味特色。

A 香草卡士達餡

材料

牛奶…500g
香草棒…1支
細砂糖…100g
蛋黃…120g
煉乳…30g
低筋麵粉…40g
無鹽奶油…40g

作法

01　香草莢橫剖開刮籽，連同香草莢與牛奶加熱煮沸。

02　細砂糖、蛋黃、煉乳、低筋麵粉攪拌混合均勻。

03　待作法①煮沸，沖入到作法②中拌勻。

04　回煮，邊拌邊煮至沸騰濃稠狀態，離火。

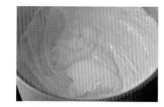

05　加入奶油拌勻至完全融合。

06　過篩均勻待冷卻，冷藏備用。

B 杏仁奶油餡

材料

無鹽奶油…60g
細砂糖…53g
全蛋…60g
杏仁粉…53g
麥典麵包專用粉…14g

作法

01　將奶油、細砂糖先攪拌均勻
　　至糖融化。

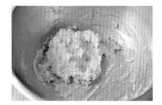

02　再加入杏仁粉、麵包專用粉
　　混合拌勻。

03　加入全蛋攪拌至融合即可。

C 榛果餡

材料

葡萄糖…100g
鮮奶油…40g
巧克力棒…10支（約70g）
榛果醬…150g
榛果粒…200g
開心果…150g

作法

01　葡萄糖、鮮奶油煮沸騰，加
　　入巧克力棒、榛果醬拌勻。

02　兩種堅果混合，用上下火
　　150℃，烤約12分鐘。將烤
　　過堅果加入作法①中拌勻。

03　即成榛果餡，或趁溫熱，搓
　　揉整型，冷藏備用。

D 桔香草莓餡

材料

覆盆子果泥…50g　　無鹽奶油…10g
細砂糖…45g　　　　草莓乾…50g
全蛋…20g　　　　　橘皮絲…50g
杏仁粉…70g
覆盆子粉…8g

作法

01　將覆盆果泥加熱後，加入細
　　砂糖、全蛋與粉類拌勻。

02　再加入奶油拌勻至融合。

03　加入草莓乾、橘皮絲拌勻即
　　可。

E 草莓餡

材料

草莓乾…250g
草莓果泥…50g
細砂糖…25g
水…50g

作法

01 　將果泥、細砂糖、水拌煮至
　　沸騰。

02 　加入切成小塊的草莓乾。

03 　混合拌煮至入味、濃稠即
　　可。

F 覆盆子醬

材料

冷凍覆盆子碎粒…300g
細砂糖…140g
NH果膠粉…4g

作法

01 　將覆盆子拌煮至約40℃。

02 　細砂糖、NH果膠粉混合拌
　　勻，加入作法①中。

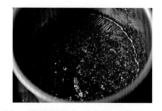

03 　邊拌邊煮沸至濃稠即可。

G 芒果餡

材料

杏仁粉…100g
細砂糖…60g
低筋麵粉…100g
蛋…50g
無鹽奶油…100g
芒果乾…150g

作法

01 　將奶油、細砂糖攪拌。

02 　加入蛋液拌勻，再加入粉類
　　混合拌勻。

03 　加入芒果乾拌勻即可。

H 焦糖牛奶醬	**I** 檸檬糖霜	**J** 糖霜

材料

細砂糖…70g
蜂蜜…30g
鮮奶油…80g

材料

糖粉…250g
現搾檸檬汁…60g

材料

糖粉…100g
牛奶…20g

作法

01　將細砂糖、蜂蜜加熱拌煮融化。

02　拌煮至焦化，慢慢加入鮮奶油拌煮。

03　拌煮至濃稠狀態即可。

作法

01　將糖粉過篩，加入檸檬汁。

02　混合攪拌。

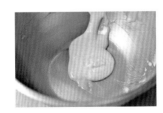

03　充分拌均至成濃稠狀態。

作法

01　將糖粉過篩，加入牛奶。

02　充分攪拌混合均勻。

03　至呈濃稠狀態即可。

1

酥脆滑潤
可頌麵包

Croissant

法文裡 Croissant 有新月之意，
源於奧地利人仿造土耳其軍旗旗幟上的彎月，製作而來的。
將奶油裹入麵團裡，層層交錯折疊，加熱過後，
層層麵團間的油脂融化形成油膜，
內層的水分也因汽化而膨脹撐起麵層，
在薄膜與薄膜間形成許多縫隙，並層層重疊、有層次展現，
形成酥脆的口感。熱騰騰的享用最能享受出輕盈美味的口感，
金黃酥脆、層次分明的外型是可頌最大魅力所在。

可頌麵團的基本製作

基本麵團的製作，可以結合不同的發酵工法，提升特有的風味口感，
以下將就適用於本書可頌麵團的直接種法、中種種法、法國老麵法，等基本麵種的製作介紹。
基本的發酵種法，可用於麵團中的風味變化。

可頌麵團

（直接法）

適用 ── 可頌麵團類

材料

麵團（1720g）

麥典法國粉…1000g
細砂糖…100g
鹽…20g
麥芽精…10g
水…500g
羅亞發酵奶油…50g
新鮮酵母…40g

混合攪拌

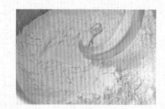

01　將法國粉、細砂糖、鹽、奶油放入攪拌缸中用慢速攪拌混合均勻。

02　麥芽精、水先拌勻融解。

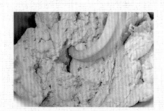

03　將作法②再加入作法①中慢速攪拌至成團。

04　加入新鮮酵母拌勻。

05　再轉中速攪拌至表面成光滑，約8分筋狀態（完成麵溫約25℃）。

攪拌完成狀態，可拉出均勻薄膜、筋度彈性。

基本發酵

06　取麵團（1700g）切口往底部收合，整理成圓滑狀態，放置室溫基本發酵30分鐘。

冷藏鬆弛

07　手拍壓麵團將氣體排出，整成長方狀，放置塑膠袋中冷藏（5℃）鬆弛約12小時。

可頌麵團

（中種法）

適用 ── 可頌麵團類

材料

中種麵團（910g）

麥典法國粉…600g
牛奶…300g
新鮮酵母…10g

主麵團（805g）

A
[麥典法國粉…400g
細砂糖…100g
鹽…20g
羅亞發酵奶油…50g]

B
[麥芽精…5g
水…200g
新鮮酵母…30g]

中種麵團

01 將中種麵團所有材料以慢速
攪拌均勻約6分鐘。

02 將麵團覆蓋保鮮膜。

03 室溫基本發酵約30分鐘，再
移置冷藏（約5℃）發酵12
小時。

混合攪拌－主麵團

04 將主麵團的材料Ⓐ以慢速攪
拌混合均勻，加入拌勻的麥
芽精、水拌勻。

05 再加入作法③中種麵團中慢
速攪拌至成團。

06 加入新鮮酵母拌勻，再轉
中速攪拌至表面成光滑，
約8分筋狀態（完成麵溫約
25℃）。

攪拌完成狀態，可拉出均勻薄膜、筋
度彈性。

基本發酵

07 取麵團（1700g）切口往底
部收合，整理成圓滑狀態，
放入容器中，放置室溫基本
發酵約30分鐘。

冷藏鬆弛

08 用手拍壓麵團將氣體排出，
壓平整成長方狀，放置塑膠
袋中，冷藏鬆弛約6小時。

可頌麵團

（法國老麵法）

適用 —— 可頌麵團類

材料

麵團（2020g）

- A
  - 麥典法國粉…1000g
  - 細砂糖…100g
  - 鹽…20g
  - 羅亞發酵奶油…50g
  - 麥芽精…10g
  - 水…500g
  - 新鮮酵母…40g
- B － 法國老麵…300g

01　將法國粉、細砂糖、鹽、奶油放入攪拌缸中用慢速攪拌混合均勻。

02　將麥芽精、水先拌勻融解加入作法①中，再加入法國老麵慢速攪拌至成團。

03　加入新鮮酵母拌勻，再轉中速攪拌至表面成光滑，約8分筋狀態（完成麵溫約25℃）。

攪拌完成狀態，可拉出均勻薄膜、筋度彈性。

基本發酵

04　取麵團（1700g）切口往底部收合，整理成圓滑狀態，放入容器中，放置室溫基本發酵約30分鐘。

冷藏鬆弛

05　用手拍壓麵團將氣體排出，壓平整成長方狀，放置塑膠袋中，冷藏（5℃）鬆弛約12小時。

法國老麵

材料（437g）

麥典法國粉250g、麥芽精0.8g、低糖酵母1.3g、鹽5g、水180g

作法

① 低糖酵母、水先拌勻，再加入法國粉、麥芽精用慢速攪拌混勻。

② 攪拌至約8分筋狀態，加入鹽攪拌約1分鐘即可（完成麵溫約23℃）。

③ 將麵團覆蓋保鮮膜，室溫基本發酵約1小時。

④ 再將麵團做3折2次的翻面，移置冷藏（約5℃）發酵12小時。

法式經典可頌

外層酥脆，咬下的瞬間，細緻脆皮大片散落，
Q軟內層與外皮口感展現絕佳對比。

類型	可頌類・3×2×3
難易度	★★★★

基本工序

攪拌
· 所有材料慢速攪拌成團，加入新鮮酵母拌勻，
　轉中速攪拌至光滑8分筋。
· 攪拌完成溫度25℃。

▽

基本發酵
· 麵團分割1700g，滾圓，基發30分。

▽

冷藏鬆弛
· 麵團壓平，鬆弛12小時（5℃）。

▽

折疊裏入
· 麵團包油。折疊。3折1次，對折1次，再3折1
　次，折疊後冷凍鬆弛30分。

▽

分割、整型
· 延壓至0.5cm，切成11×23cm等腰三角形。
· 鬆弛30分，整型成直型可頌，刷蛋液。

▽

最後發酵
· 室溫鬆弛30分，解凍回溫。
· 90分（發酵箱28℃，75%）。
· 室溫乾燥5-10分。

▽

烘烤
· 刷蛋液。
· 烤13分（220℃／180℃）。

《 材料 》

▼ **麵團**（1720g）

A
- 麥典法國粉⋯1000g
- 細砂糖⋯100g
- 鹽⋯20g
- 羅亞發酵奶油⋯50g

B
- 麥芽精⋯10g
- 水⋯500g
- 新鮮酵母⋯40g

▼ **折疊裹入**

卡多利亞片狀奶油⋯480g

《 作法 》

混合攪拌

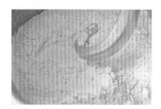

01 將材料Ⓐ放入攪拌缸中用慢速攪拌混合均勻。

02 麥芽精、水先拌勻融解，加入作法①中慢速攪拌至成團。

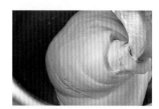

03 加入新鮮酵母拌勻，轉中速攪拌至表面成光滑，約8分筋狀態（完成麵溫約25℃）。

基本發酵

04 取麵團（1700g）收合滾圓，放置室溫基本發酵約30分鐘。

冷藏鬆弛

05 用手拍壓麵團將氣體排出，壓平整成長方狀，放置塑膠袋中，冷藏（5℃）鬆弛約12小時。

折疊裹入－包裹入油

06 將裹入油擀平，平整至成軟硬度與麵團相同的長方狀。

07 將冷藏過麵團延壓薄（配合裹入油的尺寸）成長方片，寬度相同，長度約為裹入油的2倍長。

08 將裹入油擺放麵團中間（左右麵團長度相同）。

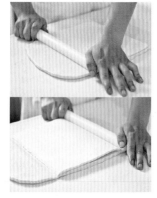

09 並用擀麵棍在裹入油的兩側邊稍按壓出凹槽（若直接折疊會造成側邊的麵團較厚）。

10 將左右側麵團朝中間折疊，完全包覆住裹入油，但麵皮兩端盡量不重疊。

11 並將接口處稍捏緊密合。

12 將上下兩側的開口處捏緊密合，完全包裹住奶油，避免空氣進入。

▽

折疊裹入-折疊

13 轉向（撒上高筋麵粉），以壓麵機延壓平整薄至成約0.8cm厚。

14 將左側1/3向內折疊。

15 再將右側1/3向內折疊。

16 折疊成3折（完成第1次的3折作業／3折1次），從側面看為3折。

POINT

折疊時，邊端先對齊，這樣才能折出整齊的麵團；四邊角若不是呈直角的話，油就會無法到達角落。

17 用擀麵棍輕按壓兩側的開口邊，讓麵團與奶油緊密貼合。

18 轉向，延壓平整。

19 再對折（2折1次）。

20 用擀麵棍輕按壓兩側的開口邊，讓麵團與奶油緊密貼合。

21 用塑膠袋包覆，冷凍鬆弛約30分鐘。

POINT

麵團太冰裡面的裹入油會變硬，折疊時容易產生斷裂（若冷凍後四邊角還過硬，可先移放冷藏10分待稍軟後使用；相反地若不夠硬則再繼續冷凍10分鐘，調整其軟硬度）。

---

22 將麵團放置撒有高筋麵粉的檯面上。

23　再延壓平整至成厚約0.8cm。

24　將左側1/3向內折疊。

25　再將右側1/3向內折疊，折疊成3折（完成第2次的3折作業／3折2次）。

26　用擀麵棍輕按壓兩側的開口邊，讓麵團與奶油緊密貼合，用塑膠袋包覆，冷凍鬆弛約30分鐘。

27　將麵團延壓平整、展開，先就麵團寬度壓至成寬約46cm。

28　再轉向延壓平整出長度（長度不拘限）、厚度約0.5cm，為方便收放，對折後用塑膠袋包覆，冷凍鬆弛約30分鐘。

分割

29　將麵團裁切成寬23cm×厚0.5cm長片，對折疊起。

30　量測出底邊11cm×高23cm等腰三角形記號。

31　左右側切除。

32　再分割裁成11cm×23cm三角形（重約70g）。

POINT

為了形成漂亮的層次，側邊都會切除。

33　將分割完成的三角片，覆蓋塑膠袋冷藏鬆弛約30分鐘。

整型、最後發酵

34　拉住頂點將三角片稍微拉長。

35　將頂點置於內側。

48

36　從外側底邊確實捲起成直型可
頌。

POINT

注意左右對稱,略緊的將麵團捲
起。若捲得太鬆散,會產生空洞,
烘烤時麵團會扁塌;太緊會造成麵
筋斷裂,就無法烤出美麗的形狀。

37　捲好後固定頂點位置。

38　將整型完成麵團尾端朝下,排列
放置烤盤上。

39　沿著表面的中心處薄刷蛋液,放
置室溫30分鐘,待解凍回溫。

40　再放入發酵箱,最後發酵約90分
鐘(溫度28℃,濕度75%)。

41　放置室溫乾燥約5-10分鐘,再
將表面薄刷一次蛋液。

烘烤

42　放入烤箱,以上火220℃／下火
180℃,烤約13分鐘即可。

法式牛角可頌

令人著迷的彎月（牛角、月牙）可頌！
層層起伏外型，讓烘烤後的色澤濃淡分明，
展演出深邃的美麗色澤，
酥脆外層與內層濕潤的帶彈性的口感
形成強烈的對比口感。

| 類型 | —— 可頌類，4×4 |
| 難易度 | ——★★★★★ |

基本工序

攪拌
· 所有材料慢速攪拌成團，加入新鮮酵母拌勻，
  轉中速攪拌至光滑8分筋。
· 攪拌完成溫度25℃。

▽

基本發酵
· 麵團分割1700g，滾圓，基發30分。

▽

冷藏鬆弛
· 麵團壓平，鬆弛12小時（5℃）。

▽

折疊裹入
· 麵團包油。
· 折疊，4折2次，折疊後冷凍鬆弛30分。

分割、整型
· 延壓至0.45cm，切成11×26cm三角形。
· 鬆弛30分，整型成彎月型可頌，刷蛋液。

▽

最後發酵
· 室溫鬆弛30分，解凍回溫。
· 90分（發酵箱28℃，75%）。
· 室溫乾燥5-10分。

▽

烘烤
· 刷蛋液。
· 烤14分（210℃／170℃）。

《 材料 》

▼ **麵團**（1720g）

A
┌ 麥典法國粉…1000g
│ 細砂糖…100g
│ 鹽…20g
└ 羅亞發酵奶油…50g

B
┌ 麥芽精…10g
│ 水…500g
└ 新鮮酵母…40g

▼ **折疊裏入**

卡多利亞片狀奶油…550g

▼ **表面用**

蛋液（P24）

《 作法 》

麵團製作

01　參照「法式經典可頌」P45-
　　49，作法1-5的製作方式，攪
　　拌、基本發酵、冷藏鬆弛，完成
　　麵團的製作。

▽

折疊裏入

02　參照「法式經典可頌」，作法
　　6-12的折疊方式，將片狀奶油
　　包裹入麵團中。轉向，以壓麵機
　　延壓平整薄至厚約0.8cm。

03　將左側3/4向內折疊。

04　再將右側1/4向內折疊。

05　折疊成型。

06　再對折。

07　折疊成4折（完成第1次的4折作
　　業／4折1次），從側面看為4折。

08　用擀麵棍輕按壓兩側的開口邊，
　　讓麵團與奶油緊密貼合。

09　用塑膠袋包覆，冷凍鬆弛約30
　　分鐘。

POINT

麵團太冰裡面的裏入油會變硬，折
疊時容易產生斷裂（若冷凍後四邊
角還過硬，可先移放冷藏10分待稍
軟後使用；相反地若不夠硬則再繼
續冷凍10分鐘，調整其軟硬度）。

10　將麵團放置撒有高筋麵粉的檯
　　面上，再延壓平整至成厚約
　　0.8cm。

11　將左側3/4向內折疊。

12 再將右側1/4向內折疊。

13 再對折，折疊成4折（完成第2
　 次的4折作業／4折2次）。

14 用擀麵棍輕按壓兩側的開口邊，
　 讓麵團與奶油緊密貼合。

15 用塑膠袋包覆，冷凍鬆弛約30
　 分鐘。

16 將麵團延壓平整、展開，先就麵
　 團寬度壓至成寬約26cm。

17 再轉向延壓。

18 平整出長度、厚度約0.45cm。

19 對折後用塑膠袋包覆，冷凍鬆弛
　 約30分鐘。

▽

分割

20 將麵團裁成寬26cm×厚0.45cm
　 長片。

21 量測出底邊11cm×高26cm等腰
　 三角形記號。

22 將左右側邊切除，再裁成底
　 邊11cm×高26cm三角形（約
　 70g）。

23 將分割好的三角片，覆蓋塑膠袋
　 冷藏鬆弛約30分鐘。

▽

整型、最後發酵

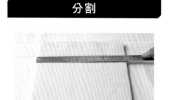

24 將三角片稍微拉長。

25 再將底邊稍稍往兩外側延展。

26 並在底部中央切出刀口。

27 從切口兩側朝內稍折。

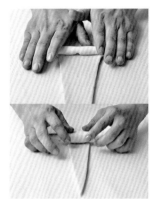

28 再由內朝外側延展般捲起,成直型可頌。

29 尾端壓至底下方。

30 並稍按壓固定。

31 再將兩側角向內側彎折,成型彎月型。

POINT

注意左右對稱,略緊的將麵團捲起。若捲得太鬆,裡頭會產生空洞,烘烤時麵團會扁塌;太緊會造成麵筋斷裂,就無法烤出美麗的形狀。

32 排列放置烤盤上。

33 沿著表面的中心處薄刷蛋液。

34 放置室溫30分鐘,待解凍回溫。

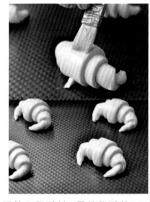

35 再放入發酵箱,最後發酵約90分鐘(溫度28℃,濕度75%),室溫乾燥約5-10分鐘,表面再薄刷蛋液

▽

烘烤

36 放入烤箱,以上火210℃／下火170℃,烤約14分鐘即可。

法式杏仁可頌

基本的可頌麵團包裹杏仁奶油餡，整型成直型造型，
表層擠上杏仁奶油餡，用杏仁片及糖粉點綴，
更添豐富口感層次。

類型——可頌類，3×2×3
難易度——★★

基本工序

攪拌
· 所有材料慢速攪拌成團，加入新鮮酵母拌勻，
　轉中速攪拌至光滑8分筋。
· 攪拌完成溫度25℃。

▽

基本發酵
· 麵團分割1700g，滾圓，基發30分。

冷藏鬆弛
· 麵團壓平，鬆弛12小時（5℃）。

▽

折疊裹入
· 麵團包油。
· 折疊。3折1次，對折1次，再3折1次，折疊後
　冷凍鬆弛30分。

▽

分割、整型
· 延壓至0.5cm，切成11×23cm等腰三角形。
· 鬆弛30分，整型成直型可頌。

▽

最後發酵
· 室溫鬆弛30分，解凍回溫。
· 90分（發酵箱28℃，75%）。
· 室溫乾燥5-10分。

▽

烘烤
· 烤13分（220℃／180℃）。
· 擠上杏仁奶油餡，灑上杏仁片，稍烘烤，待冷
　卻，篩糖粉。

《 材料 》

▼ **麵團**（1720g）

A
麥典法國粉…1000g
細砂糖…100g
鹽…20g
羅亞發酵奶油…50g

B
麥芽精…10g
水…500g
新鮮酵母…40g

▼ **折疊裹入**

卡多利亞片狀奶油…480g

▼ **夾層內餡、表面用**

杏仁奶油餡（P37）

▼ **表面用**

杏仁片、糖粉

《 作法 》

麵團製作

01　參照「法式經典可頌」P45-49，作法1-5的製作方式，攪拌、基本發酵、冷藏鬆弛，完成麵團的製作。

▽

折疊裹入

02　參照「法式經典可頌」作法6-13的折疊方式，將片狀奶油包裹入麵團中。以壓麵機延壓平整薄至厚約0.8cm。

03　參照「法式經典可頌」，作法14-26的折疊方式，完成3折1次、2折1次、3折1次的折疊麵團。

04　將麵團延壓平整、展開，先就麵團寬度壓至成寬約46cm。

05　再轉向延壓平整出長度、厚度約0.5cm，對折後用塑膠袋包覆，冷凍鬆弛約30分鐘。

▽

分割

06　將麵團裁成寬23cm×厚0.5cm長片，對折疊起。

07　量測出底邊11cm×高23cm等腰三角形記號。

08　將左右側邊切除，裁成11cm×23cm三角形（約70g）。

09　再將三角片，覆蓋塑膠袋冷藏鬆弛約30分鐘。

▽

整型、最後發酵

10　拉住頂點將三角片稍微拉長。

11　在底邊處擠上杏仁奶油餡（約10g）。

55

12 從底邊由外而內捲起，尾端壓至底下方，成直型可頌。

13 並稍按壓固定。

14 將尾端朝下，排列放置烤盤上，放置室溫30分鐘，待解凍回溫。

15 再放入發酵箱，最後發酵約90分鐘（溫度28℃，濕度75%），放置室溫乾燥約5-10分鐘。

▽

烘烤、表面裝飾

16 放入烤箱，以上火220℃／下火180℃，烤約13分鐘即可。

17 待冷卻後，表面擠上杏仁奶油餡（約20g）。

18 撒上杏仁片。

19 再以上火230℃／下火170℃，烤約5-6分鐘，出爐。

20 最後篩灑糖粉裝飾即可。

21 完成造型裝飾。

檸檬糖霜可頌

外皮酥香內層帶些柔韌感,搭配酸香調和的檸檬清香,
緩解了濃厚和膩感,風味清爽!

類型	——	可頌類,3×2×3
難易度	——	★★★

基本工序

攪拌
· 所有材料慢速攪拌成團,加入新鮮酵母拌勻,
　轉中速攪拌至光滑8分筋。
· 攪拌完成溫度25℃。

▽

基本發酵
· 麵團分割1700g,滾圓,基發30分。

▽

冷藏鬆弛
· 麵團壓平,鬆弛12小時(5℃)。

▽

折疊裹入
· 麵團包油。
· 折疊。3折1次,對折1次,再3折1次,折疊後
　冷凍鬆弛30分。

▽

分割、整型
· 延壓至0.5cm,切成11×23cm等腰三角形。
· 鬆弛30分,擠餡鋪檸檬絲,整型成直型可頌。

▽

最後發酵
· 室溫鬆弛30分,解凍回溫。
· 90分(發酵箱28℃,75%)。
· 室溫乾燥5-10分。

▽

烘烤
· 烤13分(220℃/180℃)。
· 淋上糖霜,篩灑覆盆子粉,檸檬絲點綴。

《 材料 》

▼ **麵團**（1720g）

A
麥典法國粉…1000g
細砂糖…100g
鹽…20g
羅亞發酵奶油…50g

B
麥芽精…10g
水…500g
新鮮酵母…40g

▼ **折疊裹入**

卡多利亞片狀奶油…480g

▼ **夾層內餡**

杏仁奶油餡（P37）
蜜漬檸檬絲

▼ **檸檬糖霜**

糖粉…250g
現搾檸檬汁…60g

▼ **表面用**

檸檬皮絲、覆盆子粉

《 作法 》

麵團製作

01　參照「法式經典可頌」P45-
49，作法1-5的製作方式，攪
拌、基本發酵、冷藏鬆弛，完成
麵團的製作。

▽

折疊裹入

02　參照「法式經典可頌」作法
6-13的折疊方式，將片狀奶油
包裹入麵團中。以壓麵機延壓平
整薄至成厚約0.8cm。

03　參照「法式經典可頌」作法
14-26的折疊方式，完成3折1
次、2折1次、3折1次的折疊麵
團。

04　將麵團延壓平整、展開，先就麵
團寬度壓至成寬約46cm。

05　再轉向延壓平整出長度、厚度約
0.5cm。

06　對折後用塑膠袋包覆，冷凍鬆弛
約30分鐘。

▽

分割

07　將麵團裁成寬23cm×厚0.5cm
長片，對折疊起。量測出底邊
11cm×高23cm等腰三角形記
號。

08　將麵團左右側切除。

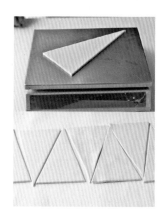

09　分割裁成11cm×23cm三角形
（約70g）。

10　將分割完成的三角片，覆蓋塑膠袋冷藏鬆弛約30分鐘。

▽

整型、最後發酵

11　拉住頂點將三角片稍微拉長。

12　擠上杏仁奶油餡（約10g）。

13　放上蜜漬檸檬絲（約10g）。

POINT

餡的份量需適中，太多會膩口，且不利於整型的操作。

14　從底邊外而內捲起。

15　尾端壓至底下方，成直型可頌。

16　並稍按壓固定。

17　將尾端朝下，排列放置烤盤上，放置室溫30分鐘，待解凍回溫。

18　再放入發酵箱，最後發酵約90分鐘（溫度28℃，濕度75%），放置室溫乾燥約5-10分鐘。

▽

烘烤、表面裝飾

19　放入烤箱，以上火220℃／下火180℃，烤約13分鐘即可。

20　**檸檬糖霜**。將糖粉過篩後加入檸檬汁混合攪拌均勻至成濃稠狀態。

21　冷卻後，淋上檸檬糖霜（溫度過熱時，會使糖霜化開不易沾附）。

22　靜置待糖霜稍微凝固後，篩上覆盆子粉，用檸檬皮絲點綴。

59

藍紋迷你可頌

表面以芝麻點綴，多層次的香脆酥皮，
與濃郁乳酪香氣，鹹香酥口。

類型 —— 可頌類，3×2×3　　難易度 —— ★★★

基本工序

攪拌
- 所有材料慢速攪拌成團，加入新鮮酵母拌勻，
  轉中速攪拌至光滑8分筋。
- 攪拌完成溫度25℃。

▽

基本發酵
- 麵團分割1700g，滾圓，基發30分。

▽

冷藏鬆弛
- 麵團壓平，鬆弛12小時（5℃）。

▽

折疊裹入
- 麵團包油。
- 折疊。抹上藍紋乳酪，3折1次，對折1次，再
  3折1次，折疊後冷凍鬆弛30分。

▽

分割、整型
- 延壓至0.4cm，切成5×12cm等腰三角形。
- 鬆弛30分，整型成直型可頌。

▽

最後發酵
- 室溫鬆弛30分，解凍回溫。
- 60分（發酵箱28℃，75%）。
- 室溫乾燥5-10分。

▽

烘烤
- 烤9分（210℃／180℃）。

《 材料 》

▼ **麵團**（1720g）

A
麥典法國粉⋯1000g
細砂糖⋯100g
鹽⋯20g
羅亞發酵奶油⋯50g

B
麥芽精⋯10g
水⋯500g
新鮮酵母⋯40g

▼ **折疊裹入**

卡多利亞片狀奶油⋯480g

▼ **夾層內餡**

藍紋乳酪⋯120g

▼ **表面用**

蛋液（P24）、白芝麻

──────── 《 作法 》 ────────

麵團製作

01 參照「法式經典可頌」P45-49，作法1-5的製作方式，攪拌、基本發酵、冷藏鬆弛，完成麵團的製作。

▽

折疊裹入

02 參照「法式經典可頌」，作法6-13的折疊方式，將片狀奶油包裹入麵團中。以壓麵機延壓平整薄至成厚約0.8cm。

03 表面抹上藍紋乳酪（約120g）平均抹滿至2/3。

04 將左側1/3向內折疊。

05 再將右側1/3向內折疊，折疊成3折（完成第1次的3折作業／3折1次）。

06 用擀麵棍輕按壓兩側的開口邊。

07 讓麵團與奶油緊密貼合。

08 轉向，延壓平整。

09 再對折（2折1次）。

10 用擀麵棍輕按壓兩側的開口邊，讓麵團與奶油緊密貼合。

11 用塑膠袋包覆，冷凍鬆弛約30分鐘。

POINT

麵團太冰裡面的裹入油會變硬，折疊時容易產生斷裂（若冷凍後四邊角還過硬，可先移放冷藏10分待稍軟後使用；相反地若不夠硬則再繼續冷凍10分鐘，調整其軟硬度）。

12 將麵團放置撒有高筋麵粉的檯面上，再延壓平整至成厚0.8cm。

13 將左側1/3向內折疊。

14 再將右側1/3向內折疊，折疊成3折（完成第2次的3折作業／3折2次）。

15 用擀麵棍輕按壓兩側的開口邊，讓麵團與奶油緊密貼合，用塑膠袋包覆，冷凍鬆弛約30分鐘。

16 將麵團延壓平整、展開，先就麵團寬度壓至成寬約24cm。再轉向延壓平整出長度（長度不拘限）、厚度約0.4cm。

17 對折後用塑膠袋包覆，冷凍鬆弛約30分鐘。

▽

分割

18 將麵團裁成寬12cm×厚0.4cm長片，對折疊起。量測出底邊5cm×高12cm記號。

19 將左右側邊切除，裁成5cm×12cm三角形（約30g）。

20 將分割完成的三角片，覆蓋塑膠袋冷藏鬆弛約30分鐘。

▽

整型、最後發酵

21 拉住頂點將三角片稍微拉長。

22 將頂點置於內側從外側底邊確實捲起成直型可頌。

23 捲好後固定頂點位置。

24 將整型完成麵團尾端朝下，排列放置烤盤上，沿著表面的中心處薄刷蛋液，放置室溫30分鐘，待解凍回溫。

POINT

刷毛與捲紋平行的動線塗刷，避免破壞層次。

25　再放入發酵箱，最後發酵約60分
　　鐘（溫度28℃，濕度75%）。

26　放置室溫乾燥約5-10分鐘，再
　　將表面薄刷蛋液。

27　中間灑上少許白芝麻。

POINT

白芝麻點綴在中央稍偏下的地方，
這樣烤好膨脹上移後，成型的位置
會落在居中位置。

烘烤

28　放入烤箱，以上火210℃／下
　　火180℃，烤約9分鐘，出爐即
　　可。

脆皮杏仁可頌

淡淡的堅果杏仁香甜與酥脆的口感
是最大的魅力所在。

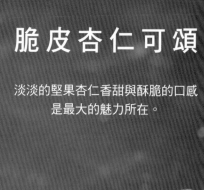

類型 ── 可頌類，3×2×3

難易度 ── ★★★

基本工序

攪拌
· 所有材料慢速攪拌成團，加入新鮮酵母拌勻，
  轉中速攪拌至光滑8分筋。
· 攪拌完成溫度25℃。

▽

基本發酵
· 麵團分割1700g，滾圓，基發30分。

▽

冷藏鬆弛
· 麵團壓平，鬆弛12小時（5℃）。

▽

折疊裹入
· 麵團包油。
· 折疊。3折1次，對折1次，再3折1次，折疊後
  冷凍鬆弛30分。

分割、整型
· 延壓至0.5cm，切成11×23cm等腰三角形。
· 鬆弛30分，整型成直型可頌。

▽

最後發酵
· 室溫鬆弛30分，解凍回溫。
· 90分（發酵箱28℃，75%）。
· 室溫乾燥5-10分。
· 表面擠上馬卡龍皮，灑上杏仁條，杏仁粉及糖
  粉。

▽

烘烤
· 烤10分（220℃／180℃），再烤12分（0℃
  ／180℃）。
· 待冷卻，篩糖粉。

《 材料 》

▼ **麵團**（1720g）

A
- 麥典法國粉…1000g
- 細砂糖…100g
- 鹽…20g
- 羅亞發酵奶油…50g

B
- 麥芽精…10g
- 水…500g
- 新鮮酵母…40g

▼ **折疊裹入**

卡多利亞片狀奶油…480g

▼ **表層麵糊（馬卡龍皮）**

糖粉…100g
蛋白…100g
杏仁粉…100g

▼ **表面用**

杏仁條（或夏威夷果）
杏仁粉、糖粉

《 作法 》

馬卡龍皮

01　將所有材料攪拌混合均勻。

02　即成馬卡龍皮。

麵團製作

03　參照「法式經典可頌」P45-49，作法1-5的製作方式，攪拌、基本發酵、冷藏鬆弛，完成麵團的製作。

▽

折疊裹入

04　參照「法式經典可頌」，作法6-13的折疊方式，將片狀奶油包裹入麵團中。以壓麵機延壓平整薄至成厚約0.8cm。

05　參照「法式經典可頌」，作法14-26的折疊方式，完成3折1次、2折1次、3折1次的折疊麵團。

06　將麵團延壓平整、展開，先就麵團寬度壓至成寬約46cm。

07　再轉向延壓平整出長度、厚度約0.5cm，對折後用塑膠袋包覆，冷凍鬆弛約30分鐘。

▽

分割

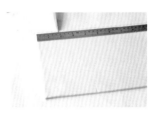

08　將麵團裁成寬23cm×厚0.5cm長片，對折疊起。量測出底邊11cm×高23cm等腰三角形記號。

09　將麵團左右側切除，再分割裁成11cm×23cm三角形（約70g）。

10　將分割完成的三角片，覆蓋塑膠袋冷藏鬆弛約30分鐘。

整型、最後發酵

11 拉住頂點將三角片稍微拉長。

12 將頂點置於內側從外側底邊確實捲起成直型可頌。

13 捲好後固定頂點位置。

14 將整型完成麵團尾端朝下，排列放置烤盤上。放置室溫30分鐘，待解凍回溫。

15 再放入發酵箱，最後發酵約70分鐘（溫度28℃，濕度75%）。放置室溫乾燥約5-10分鐘。

16 表面擠上馬卡龍皮（約40g）。

17 鋪上杏仁條（或夏威夷果）。

18 再灑上少許杏仁粉。

19 篩上糖粉。

烘烤、表面裝飾

20 放入烤箱，以上火220℃／下火180℃，烤約10分鐘，再以上火0℃／下火180℃，再烤約12分鐘，出爐。

21 待冷卻後，篩灑上糖粉裝飾即可。

22 完成造型裝飾。

法式焦糖奶油酥

蓬鬆厚實的口感、層次豐富,
加上肉桂與焦糖的香氣,香氣十足。

類型 ——可頌類,3×2×3

難易度 ——★★

基本工序

攪拌
- 所有材料慢速攪拌成團,加入新鮮酵母拌勻,
  轉中速攪拌至光滑8分筋。
- 攪拌完成溫度25℃。

▽

基本發酵
- 麵團分割1700g,滾圓,基發30分。

▽

冷藏鬆弛
- 麵團壓平,鬆弛12小時(5℃)。

折疊裹入
- 麵團包油。
- 折疊。3折1次,對折1次,再3折1次,折疊後冷
  凍鬆弛30分。

▽

分割、整型
- 延壓至0.4cm。鬆弛30分。
- 灑上肉桂香草糖,捲成圓筒狀,鬆弛,分切成
  3cm小段。
- 模形塗刷奶油,灑上肉桂香草糖,放入麵團。

▽

最後發酵
- 室溫鬆弛30分,解凍回溫。
- 90分(發酵箱28℃,75%)。
- 室溫乾燥5-10分。

▽

烘烤
- 壓蓋烤盤,烤14分(210℃/240℃)。

▼ **麵團**（1720g）

A
麥典法國粉…1000g
細砂糖…100g
鹽…20g
羅亞發酵奶油…50g

B
麥芽精…10g
水…500g
新鮮酵母…40g

▼ **折疊裹入**

卡多利亞片狀奶油…480g

▼ **表面用**

香草上白糖…100g
肉桂粉…少許

《 作法 》

事前準備

01 圓形模具。

02 將圓形模內側、底面勻塗刷奶
油。

03 灑上肉桂香草糖（約15g）。

▽

麵團製作

04 參照「法式經典可頌」P45-
49，作法1-5的製作方式，攪
拌、基本發酵、冷藏鬆弛，完成
麵團的製作。

▽

折疊裹入

05 參照「法式經典可頌」，作法
6-13的折疊方式，將片狀奶油
包裹入麵團中。以壓麵機延壓平
整薄至成厚約0.8cm。

06 參照「法式經典可頌」，作法
14-26的折疊方式，完成3折1
次、2折1次、3折1次的折疊麵
團。

07 將麵團延壓平整、展開，先就麵
團寬度壓至成寬約40cm。

08 再轉向延壓平整出長度、厚度約
0.4cm，對折後用塑膠袋包覆，
冷凍鬆弛約30分鐘。

▽

分割、整型、最後發酵

09 將香草上白糖、肉桂粉混勻。

10 將麵團表面灑上肉桂香草糖。

11 從側邊捲起至底。

12　收口置於底，成圓柱狀。

13　包覆塑膠袋，冷凍鬆弛約30分鐘。

14　將麵團相隔3cm分切成段（約45g）。

15　將麵團平放置圓模中。

16　放置室溫30分鐘，待解凍回溫。再放入發酵箱，最後發酵約60分鐘（溫度28℃，濕度75%）。

▽

烘烤

17　將作法⑯表面鋪放烤焙紙，再壓蓋上烤盤，放入烤箱，以上火210℃／下火230-240℃，烤約14分鐘，出爐即可。

荔枝覆盆子可頌

折疊麵團中間包捲特製的荔枝覆盆子餡，
美麗的紅色外皮，層層分明，
由裡到外展現極具的魅力特色。

類型——可頌類，3×2×3
難易度——★★★★

基本工序

攪拌
· 所有材料慢速攪拌成團，加入新鮮酵母拌勻，
　轉中速攪拌至光滑8分筋。
· 攪拌完成溫度25℃。
· 麵團切取1300g，麵團400g加入紅麴粉、水揉
　勻。
▽
基本發酵
· 麵團，滾圓，基發30分。
▽
冷藏鬆弛
· 麵團壓平，鬆弛12小時（5℃）。
▽
折疊裹入
· 麵團包油。
· 折疊。3折1次，對折1次，再3折1次。
· 紅麴外皮包覆折疊麵團，冷凍鬆弛30分。
▽
分割、整型
· 延壓至0.45cm，切成8×18cm等腰三角形。
· 鬆弛30分，包入內餡，整型成直型可頌。
▽
最後發酵
· 室溫鬆弛30分，解凍回溫。
· 90分（發酵箱28℃，75%）。
· 室溫乾燥5-10分。
▽
烘烤
· 烤14分（200℃／180℃）。
· 薄刷荔枝糖水。

《 材料 》

▼ **麵團**（1740g）

A
├ 麥典法國粉…1000g
├ 細砂糖…100g
├ 鹽…20g
└ 羅亞發酵奶油…50g

B
├ 麥芽精…10g
├ 水…500g
└ 新鮮酵母…40g

C
├ 紅麴粉…10g
└ 水…10g

▼ **折疊裹入**

卡多利亞片狀奶油…365g

▼ **荔枝覆盆子餡**

覆盆子果泥…49g
全蛋…15g
細砂糖…40g
杏仁粉…70g
覆盆子粉…7g
荔枝乾…102g
奶油…12g

▼ **表面用－荔汁糖水**

細砂糖…65g
水…50g
荔枝酒…20g

《 作法 》

荔枝覆盆子餡

01 將覆盆子果泥倒入鍋中加熱煮沸。

02 加入細砂糖、杏仁粉、覆盆子粉、全蛋混合拌勻，離火。

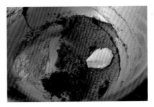

03 再加入奶油拌勻至融化。

04 加入荔枝乾拌勻。

05 待冷卻，覆蓋保鮮膜，冷藏備用。

麵團製作

06 參照「法式經典可頌」P45-49，作法1-3的製作方式攪拌麵團至約8分筋狀態。取出麵團，切取麵團（1300g）收合滾圓；另取出麵團（400g）加入材料C揉和均勻，即成紅麴麵團。

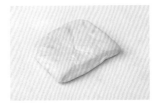

07 參照「法式經典可頌」，作法4-5的製作方式，將麵團進行基本發酵、冷藏鬆弛，完成麵團的製作。

▽

折疊裹入－包裹入油

08 參照「法式經典可頌」P45-49，作法6-13的折疊方式，將片狀奶油包裹入麵團中。以壓麵機延壓平整薄至成厚約0.8cm。

09 參照「法式經典可頌」，作法14-26的折疊方式，完成3折1次、2折1次、3折1次的折疊麵團。

10 用擀麵棍輕按壓兩側的開口邊，讓麵團與奶油緊密貼合。

71

11 將紅麴麵團延壓成稍大於作法⑩麵團的長方形片（足夠包覆的大小即可，不可過薄）。

12 將紅麴麵皮覆蓋在折疊麵團上。

13 沿著四邊稍黏貼收合，包覆住折疊麵團。

14 用塑膠袋包覆，冷凍鬆弛約30分鐘。

15 將麵團延壓平整、展開。

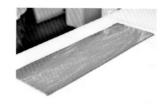

16 就麵團寬度壓至成寬約36cm。

17 再轉向延壓平整出長度、厚度約0.45cm，對折後用塑膠袋包覆，冷凍鬆弛約30分鐘。

▽

分割

18 將麵團裁成寬18cm×厚0.45cm長片，對折疊起。量測出底邊8cm×高18cm等腰三角形記號。

19 將左右側邊切除，再裁成8cm×18cm三角形（約55g），將分割完成的三角片，覆蓋塑膠袋冷藏鬆弛約30分鐘。

▽

整型、最後發酵

20 將三角片稍微拉長。

21 翻面，白色麵皮朝上。在底邊處擠上荔枝覆盆子餡（約25g）。

22 將底邊外側朝內稍折。

23 再由外朝內側延展般捲起，尾端壓至底下方，成直型可頌。

24 並稍按壓。

25　將整型完成麵團尾端朝下,排列放置烤盤上,放置室溫30分鐘,待解凍回溫。

26　再放入發酵箱,最後發酵約90分鐘(溫度28℃,濕度75%)。放置室溫乾燥約5-10分鐘。

▽

烘烤

27　放入烤箱,以上火200℃／下火180℃,烤約14分鐘即可。

28　出爐,薄刷荔枝糖水(荔汁糖水製作:將糖、水煮沸,加入荔汁酒拌勻即可)。

曜黑雙色可頌

利用雙色麵團層疊披覆，烘烤出層次鮮明別致的雙色可頌，
表層以糖水薄薄塗抹，
讓黝黑的色澤更加透亮，展現出絕美的一面。

類型	可頌類，3×2×3
難易度	★★★★★

基本工序

攪拌
· 所有材料慢速攪拌成團，加入新鮮酵母拌勻，轉中速攪拌至光滑8分筋。
· 攪拌完成溫度25℃。
· 麵團分割1300g，麵團400g加入可可粉、水揉勻。

▽

基本發酵
· 麵團，滾圓，基發30分。

▽

冷藏鬆弛
· 麵團壓平，鬆弛12小時（5℃）。

▽

折疊裹入
· 麵團包油。
· 折疊。3折1次，對折1次，再3折1次。
· 可可外皮包覆折疊麵團，冷凍鬆弛30分。

▽

分割、整型
· 延壓至0.5cm，切成11×23cm等腰三角形（約70g）。
· 鬆弛30分。表面切割紋路，翻面，包入巧克力棒，整型成直型可頌。

▽

最後發酵
· 室溫鬆弛30分，解凍回溫。
· 90分（發酵箱28℃，75%）。
· 室溫乾燥5-10分。

▽

烘烤
· 烤15分（210℃／170℃）。
· 薄刷香草糖水。

————《 材料 》————

▼ 麵團（1740g）

A
- 麥典法國粉…1000g
- 細砂糖…100g
- 鹽…20g
- 羅亞發酵奶油…50g

B
- 麥芽精…10g
- 水…500g
- 新鮮酵母…40g

C
- 可可粉…10g
- 水…10g

▼ 折疊裹入

卡多利亞片狀奶油…365g

▼ 夾層內餡

巧克力棒…1支（每個）

▼ 表面用－香草糖水

細砂糖…65g
水…50g
香草酒…15g

————《 作法 》————

麵團製作

01 參照「法式經典可頌」P45-49，作法1-3的製作方式攪拌麵團至約8分筋狀態。取出麵團，切取麵團（1300g）收合滾圓；另取出麵團（400g）加入材料C揉和均勻，做成可可麵團。

02 參照「法式經典可頌」，作法4-5的製作方式，將麵團進行基本發酵、冷藏鬆弛，完成麵團的製作。

折疊裹入

03 參照「法式經典可頌」，作法6-13的折疊方式，將片狀奶油包裹入麵團（1300g）中。以壓麵機延壓平整薄至成厚約0.8cm。

04 參照「法式經典可頌」，作法14-26的折疊方式，完成3折1次、2折1次、3折1次的折疊麵團。用擀麵棍輕按壓兩側的開口邊，讓麵團與奶油緊密貼合。

05 將可可麵團（400g）延壓成稍大於作法④的長方形片（足夠包覆的大小即可，不可過薄）。

06 將可可麵團覆蓋在折疊麵團上。

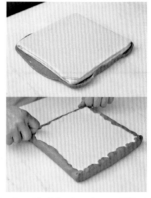

07 沿著四邊稍黏貼收合，包覆住折疊麵團。

08 用塑膠袋包覆，冷凍鬆弛約30分鐘。

09 將麵團延壓平整、展開，先就麵團寬度壓至成寬約46cm。

10 再轉向延壓平整出長度、厚度約0.5cm，對折後用塑膠袋包覆，冷凍鬆弛約30分鐘。

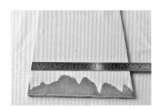

分割

11　麵團裁成寬23cm×厚0.5cm
　　長片，對折疊起。量測出底邊
　　11cm×高23cm等腰三角形記
　　號。

12　將左右側邊切除，再裁成11cm
　　×高23cm三角形（約70g）。
　　將分割完成的三角片，覆蓋塑膠
　　袋冷藏鬆弛約30分鐘。

▽

整型、最後發酵

13　將三角片稍微拉長，在表面中間
　　先劃出直線刻紋（底邊預留）。

14　就中心直線的左右兩側平行淺劃
　　出刻紋。

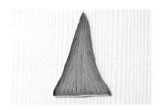

15　再相對稱淺劃出斜紋。

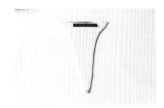

16　將三角片翻面，白色麵皮朝上，
　　在底邊處放置巧克力棒。

17　將底邊外側朝內稍折。

18　再由外朝內側延展般捲起，尾端
　　壓至底下方，成直型可頌，並稍
　　按壓，將兩側角稍微向內縮。

19　將整型完成麵團尾端朝下，排
　　列放置烤盤上，放置室溫30分
　　鐘，待解凍回溫。

20　再放入發酵箱，最後發酵約90分
　　鐘（溫度28℃，濕度75%）。放置
　　室溫乾燥約5-10分鐘。

▽

烘烤

21　放入烤箱，以上火210℃／下火
　　170℃，烤約15分鐘即可，出
　　爐，薄刷香草糖水（香草糖水製
　　作：將糖、水煮沸，加入香草酒
　　拌勻即可）。

22　完成造型裝飾。

艾菲爾可頌塔

有別於一般可頌麵包的西點變化製作，
帶有濃郁的香甜味，
多層次酥香麵團與香甜滋味口感，
香甜酥脆的三重奏。

類型 —— 可頌類，3×2×3　　難易度 —— ★★★

基本工序

攪拌
・所有材料慢速攪拌成團，加入新鮮酵母拌勻，
轉中速攪拌至光滑8分筋。
・攪拌完成溫度25℃。
・麵團分割1300g，麵團400g加入咖啡粉、水揉
勻。

▽

基本發酵
・麵團，滾圓，基發30分。

▽

冷藏鬆弛
・麵團壓平，鬆弛12小時（5℃）。

▽

折疊裹入
・麵團包油。
・折疊。3折1次，對折1次，再3折1次。
・咖啡外皮包覆折疊麵團，冷凍鬆弛30分。

▽

分割、整型
・延壓至1cm，切成1cm丁狀。
・丁狀麵團加入配料拌勻，填入模框（約
45g）。

▽

最後發酵
・室溫鬆弛30分，解凍回溫。
・70分（發酵箱28℃，75%）。

▽

烘烤
・烤8分（210℃／170℃）。
・篩上糖粉、開心果碎點綴。

《 材料 》

▼ **麵團**（1711g）

A
- 麥典法國粉…1000g
- 細砂糖…100g
- 鹽…20g
- 羅亞發酵奶油…50g

B
- 麥芽精…10g
- 水…500g
- 新鮮酵母…40g

C
- 可可粉（或咖啡粉）…9g
- 水…9g

▼ **折疊裹入**

卡多利亞片狀奶油…365g

▼ **混合用料**

核桃…400g
水滴巧克力…400g
蜂蜜…200g

▼ **表面用**

糖粉、開心果碎

《 作法 》

事前準備

01 直徑6cm圓形模。

麵團製作

02 參照「法式經典可頌」P45-49，作法1-3的製作方式攪拌麵團至約8分筋狀態。取出麵團，切取麵團（1300g）收合滾圓；另取出麵團（400g）加入材料C揉和均勻，即成咖啡麵團。

03 參照「法式經典可頌」，作法4-5的製作方式，將麵團進行基本發酵、冷藏鬆弛，完成麵團的製作。

▽

折疊裹入

04 參照「法式經典可頌」，作法6-13的折疊方式，將片狀奶油包裹入麵團（1300g）中。以壓麵機延壓平整薄至成厚約0.8cm。

05 參照「法式經典可頌」，作法14-26的折疊方式，完成3折1次、2折1次、3折1次的折疊麵團。用擀麵棍輕按壓兩側的開口邊，讓麵團與奶油緊密貼合。

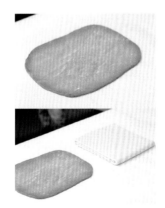

06 將咖啡麵團（400g）延壓成稍大於作法⑤的長方形片（足夠包覆即可，不可過薄）。

07 將咖啡麵團覆蓋在折疊麵團上。

08 沿著四邊稍黏貼收合，包覆住折疊麵團。用塑膠袋包覆，冷凍鬆弛約30分鐘。

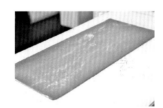

09 將麵團延壓平整、展開，先就麵團寬度壓至成寬約20cm。再轉向延壓平整出長度、厚度約1cm，對折後用塑膠袋包覆，冷凍鬆弛約30分鐘。

▽

分割

10 將麵團量測長1cm×寬1cm記號。

11 再將麵團裁切成1cm正方小丁狀。

12 將切丁麵團稍撥鬆，放入容器。

13 將作法⑫加入核桃、水滴巧克力、蜂蜜混合拌勻。

14 將作法⑬分成重約45g，填放入模框中。

15 放置室溫30分鐘，待解凍回溫。

16 再放入發酵箱，最後發酵約70分鐘（溫度28℃，濕度75%）。

烘烤、表面裝飾

17 放入烤箱，以上火210℃／下火170℃，烤約8分鐘即可出爐。

18 待冷卻，脫模，表面蓋上圓形烤焙紙，篩上糖粉、形成環狀白邊。

19 中間放上開心果碎即可。

20 完成造型裝飾。

繽紛霓彩可頌

透過不同色澤層層堆疊再組合排列，
營造令人深刻的外觀與口感，
表層繽紛的條紋色彩，為此款可頌的魅力重點。

基本工序

攪拌
- 所有材料慢速攪拌成團，加入新鮮酵母拌勻，轉中速攪拌至光滑8分筋。
- 攪拌完成溫度25℃。
- 切取出原味麵團1000g、360g、360g。
- 取麵團360g加入可可粉及水揉成可可麵團，麵團360g加入紅麴粉及水揉成紅麴麵團。

▽

基本發酵
- 麵團，滾圓，基發30分。

▽

冷藏鬆弛
- 麵團壓平，鬆弛12小時（5℃）。

▽

折疊裹入
- 將裹入油分成280g、100g、100g。分別將麵團包裹入油。
- 折疊。將白色，紅麴，可可麵團做4折2次折疊。
- 分別鬆弛30分。

▽

分割、整型
- 紅麴疊合可可麵團，延壓成片，切寬0.5cm條狀。
- 雙色麵條鋪放白麵團表面，延壓成厚0.5cm片狀。鬆弛30分。
- 切成10×22cm等腰三角形（60g）。鬆弛30分。
- 整型成直型可頌。

▽

最後發酵
- 室溫鬆弛30分，解凍回溫。
- 90分（發酵箱28℃，75%）。
- 室溫乾燥5-10分。

▽

烘烤
- 烤8分鐘（220℃／180℃），再烤7分鐘（0℃／180℃）。
- 薄刷糖水。

類型 —— 可頌類，4×4　　　難易度 —— ★★★★★

▼ **麵團**（1756g）

A
> 麥典法國粉…1000g
> 細砂糖…100g
> 鹽…20g
> 羅亞發酵奶油…50g

B
> 麥芽精…10g
> 水…500g
> 新鮮酵母…40g

C
> 可可粉…9g
> 水…9g

D
> 紅麴粉…9g
> 水…9g

▼ **折疊裹入**

卡多利亞片狀奶油…480g

▼ **表面用－糖水**

細砂糖…65g
水…50g

《 作法 》

混合攪拌

01　將材料Ⓐ放入攪拌缸中用慢速攪拌混合均勻。

02　麥芽精、水先拌勻融解，再加入作法①中慢速攪拌至成團。

03　加入新鮮酵母拌勻，再轉中速攪拌至表面成光滑，約8分筋狀態（完成麵溫約25℃）。

04　將麵團分成1000g、360g、360g三份。取其中麵團（360g）加入材料D揉和均勻，即成紅麴麵團。另將麵團（360g）加入材料C揉和均勻，即成可可麵團。

基本發酵

05　將麵團放入容器中，放置室溫基本發酵約30分鐘。

冷藏鬆弛

06　用手拍壓麵團將氣體排出，壓平整成長方狀，放置塑膠袋中，冷藏（5℃）鬆弛約12小時。

折疊裹入－白色折疊麵團

07　將裹入油分成280g、100g、100g三份，分別擀平，平整至成軟硬度與麵團相同的長方狀。

08　參照「虎紋迷彩可頌」P90-93，作法3的折疊方式，將片狀奶油（280g）包裹入白色麵團（1000g）中。

09　參照「虎紋迷彩可頌」，作法4-15的折疊方式，完成4折2次的折疊麵團。再延壓平整出長度、厚度約0.5cm，用塑膠袋包覆，冷凍鬆弛約30分鐘。

折疊裹入－可可折疊麵團

10　將冷藏過可可麵團延壓薄成長方片，寬度相同，長度約為裹入油的2倍長。

11　將裹入油（100g）擺放可可麵團中間。

12　並用擀麵棍在裹入油的兩側邊稍按壓出凹槽。

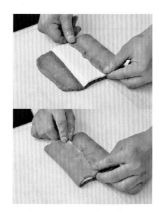

13　將左右側麵團朝中間折疊，完全包覆住裹入油，並將接口處稍捏緊密合。

14　將上下兩側的開口處捏緊密合，完全包裹住奶油避免空氣進入。

15 轉向以壓麵機延壓平整薄至成厚約0.8cm。

16 將左側3/4向內折疊。

17 再將右側1/4向內折疊。

18 再對折，折疊成4折（完成第1次的4折作業／4折1次）。

19 用擀麵棍輕按壓兩側的開口邊，讓麵團與奶油緊密貼合，用塑膠袋包覆，冷凍鬆弛約30分鐘。

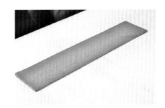

20 將麵團延壓平整至成厚0.8cm。

21 將左側3/4向內折疊。

22 再將右側1/4向內折疊。

23 再對折，折疊成4折（完成第2次的4折作業／4折2次）。

24 用擀麵棍輕按壓兩側的開口邊，讓麵團與奶油緊密貼合，用塑膠袋包覆，冷凍鬆弛約30分鐘。

▽

折疊裹入－紅麴折疊麵團

25 將冷藏過紅麴麵團延壓薄成長方片，寬度相同，長度約為裹入油的2倍長。

26 將裹入油（100g）擺放紅麴麵團中間。

27 並用擀麵棍在裹入油的兩側邊稍按壓出凹槽。

28 將左右側麵團朝中間折疊，完全包覆住裹入油，並將接口處稍捏緊密合。

29 將上下兩側的開口處捏緊密合，完全包裹住奶油，避免空氣進入。

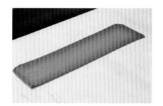

30 轉向，以壓麵機延壓平整薄至成厚約0.8cm。

31 將左側3/4向內折疊。

32 再將右側1/4向內折疊。

33 再對折，折疊成4折（完成第1次的4折作業／4折1次）。

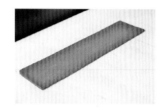

34 用擀麵棍輕按壓兩側的開口邊，讓麵團與奶油緊密貼合，用塑膠袋包覆，冷凍鬆弛約30分鐘。

35 將麵團延壓平整至成厚0.8cm。

36 將左側3/4向內折疊，再將右側1/4向內折疊。

37 再對折，折疊成4折（完成第2次的4折作業／4折2次）。

38 用擀麵棍輕按壓兩側的開口邊，讓麵團與奶油緊密貼合，用塑膠袋包覆，冷凍鬆弛約30分鐘。

▽

組合折疊麵團

39 將完成4折2次的紅麴麵團疊合在可可麵團上。

40 再延壓平整、展開，先就麵團寬度壓至成寬約15cm，再轉向延壓平整出長度、厚度約2cm。

41 將作法⑩可可、紅麴疊合的雙色麵團，裁切成寬約0.5cm的長條。

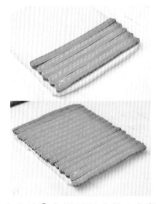

42 在作法⑨完成4折2次的白色麵團表面，整齊排放上條狀的雙色麵團（以相同方向、斷面朝上），鋪滿整個表面。

POINT

擺放雙色麵團時，避免碰觸切口斷面，以免影響外觀。

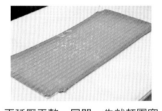

43 再延壓平整、展開，先就麵團寬度壓成寬約44cm，再轉向延壓平整出長度、厚度約0.5cm。整型完成後，包覆塑膠袋，冷凍鬆弛約30分鐘。

▽

| **分割** |

44 將麵團裁成寬22cm×厚0.5cm長片，對折疊合，量測出底邊10cm×高22cm的等腰三角形記號。

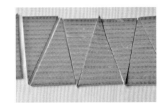

45 將左右側邊切除，裁切成底邊10cm×高度22cm的等腰三角形（約60g）。將分割完成的三角片，覆蓋塑膠袋冷藏鬆弛約30分鐘。

▽

| **整型、最後發酵** |

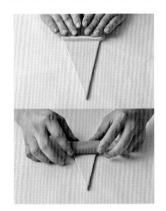

46 將三角片翻面，白色麵皮朝上，從底邊由外朝內側捲起。

47 尾端壓至底下方，成直型可頌，並稍按壓。

48 將整型完成麵團尾端朝下，排列放置烤盤上，放置室溫30分鐘，待解凍回溫。

49 再放入發酵箱，最後發酵約90分鐘（溫度28℃，濕度75%）。放置室溫乾燥約5-10分鐘。

▽

| **烘烤、表面裝飾** |

50 放入烤箱，以上火220℃／下火180℃，烤約8分鐘，關上火，再以上火0℃／下火180℃，烤約7分鐘，待冷卻，表面塗刷糖水即可（糖水製作：將糖、水煮沸即可）。

漩渦花編可頌

基本技法，加上裁切層疊組合，
爽口酥脆，口感、視覺特別的可頌。

基本工序

攪拌

・所有材料慢速攪拌成團，加入新鮮酵母拌勻，轉中速攪拌
　至光滑8分筋。
・攪拌完成溫度25℃。
・切取出原味麵團200g×2個，與440g×3個。
・將其中的麵團440g加入可可粉及水揉成可可麵團；麵團
　440g加入紅麴粉及水揉成紅麴麵團。

基本發酵

・麵團，滾圓，基發30分。

▽

冷藏鬆弛

・麵團壓平，鬆弛12小時（5℃）。

▽

折疊裹入

・將裹入油分成123g、123g、123g。分別將麵團包裹入油。
・折疊。將白色，紅麴，可可麵團做4折1次折疊。鬆弛30
　分。
・可可、紅麴疊合白色麵團，延壓成片疊合，延展厚2cm，
　切4等份疊合，做4折2次折疊，冷凍鬆弛。

▽

分割、整型

・切成寬0.8cm條狀。
・三色麵條鋪放白麵團表面，表面再覆蓋上白麵團包覆，延
　壓成厚0.7cm片狀。鬆弛30分。
・切成6×20cm等腰三角形（約60g）。鬆弛30分。
・整型成直型可頌。

▽

最後發酵

・室溫鬆弛30分，解凍回溫。
・90分（發酵箱28℃，75%）。室溫乾燥5-10分。

▽

烘烤

・烤8分鐘（220℃／180℃），再烤7分鐘（0℃／
　180℃）。
・薄刷糖水。

類型 —— 可頌類，4×4　　　難易度 —— ★★★★★

《 材料 》

▼ **麵團**（1764g）

A
- 麥典法國粉…1000g
- 細砂糖…100g
- 鹽…20g
- 羅亞發酵奶油…50g

B
- 麥芽精…10g
- 水…500g
- 新鮮酵母…40g

C
- 可可粉…11g
- 水…11g

D
- 紅麴粉…11g
- 水…11g

▼ **折疊裹入**

卡多利亞片狀奶油…369g

▼ **表面用**

糖水（P82）

《 作法 》

麵團製作

01 參照「法式經典可頌」P45-49，作法1-3的製作方式攪拌麵團至約8分筋狀態。取出麵團，切取麵團200g×2個、440g、440g、440g；將其中麵團（440g）加入材料D揉和均勻，做成紅麴麵團。另將其中麵團（440g）加入材料C揉和均勻，即成可可麵團。

02 參照「法式經典可頌」，作法4-5的製作方式，將麵團進行基本發酵、冷藏鬆弛，完成麵團的製作。

折疊裹入－三色折疊麵團

03 將裹入油分成123g、123g、123g三份，分別擀平，平整至成軟硬度與麵團相同的長方狀。

04 分別將白色麵團（440g）、紅麴麵團（440g）、可可麵團（440g）延壓薄成長方片，寬度相同，長度約為裹入油的2倍長。

05 將裹入油（123g）擺放白色、可可、紅麴麵團中間。

06 並用擀麵棍在裹入油的兩側邊稍按壓出凹槽。

07 分別將左右側麵團朝中間折疊，完全包覆住裹入油，並將接口處稍捏緊密合，完全包裹住奶油。

08 轉向以壓麵機延壓平整薄至成約厚0.8cm。

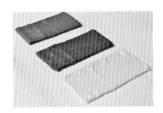

09 分別將左側1/4向內折疊，再將右側3/4向內折疊。

10 再對折，折疊成4折（完成第1次的4折作業／4折1次）。

11 分別用擀麵棍輕按壓兩側的開口邊，讓麵團與奶油緊密貼合。

12 用塑膠袋包覆，冷凍鬆弛約30分鐘。

13 將麵團分別延壓平整至成厚約
0.8cm。

▽

組合折疊麵團

14 將⑬完成的可可、紅麴麵團疊合
在白色麵團上。

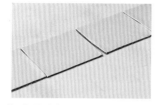

15 再延壓平整、展開,先就麵團寬
度壓至成寬約15 cm,再轉向延
壓平整出長度、厚度約2cm。

16 將3色疊合麵團分切成4等份。

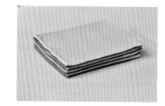

17 再以相同方向堆疊組合成4層,
包覆,冷凍鬆弛30分鐘。

18 將疊合的3色麵團,裁切成寬約
0.8cm的長條。

19 將白色麵團(200g×2片)延壓
擀平整成稍大於3色麵團大小。

20 在作法⑲擀平的白色麵團表面,
整齊排放上條狀的3色麵團(以
相同方向、斷面朝上)。

21 鋪滿整個表面。

22 表面再覆蓋上另一片擀平的白色
麵團。

23 沿著四周稍捏緊密合,完全包
覆。

POINT

擺放雙色麵團時,避免碰觸切口斷
面,以免影響外觀。

24 再延壓平整、展開,先就麵團寬
度壓至成寬約40cm,再轉向延
壓平整出長度、厚度約0.7cm即
可。整型完成後,包覆塑膠袋,
冷凍鬆弛約30分鐘。

▽

分割

25 將麵團裁成寬20cm×厚0.7cm
長片,對折疊合。量測出6cm×
高20cm等腰三角形記號。

26　將左右側邊切除，裁切成三角形
　　（約60g）。將分割完成的三角
　　片，覆蓋塑膠袋冷藏鬆弛約30
　　分鐘。

▽

整型、最後發酵

27　將三角片從底邊由外朝內側捲
　　起，尾端壓至底下方。

28　成直型可頌，並稍按壓。

29　將整型完成麵團尾端朝下，排
　　列放置烤盤上，放置室溫30分
　　鐘，待解凍回溫。再放入發酵
　　箱，最後發酵約90分鐘（溫度
　　28℃，濕度75%）。放置室溫
　　乾燥約5-10分鐘。

▽

烘烤

30　放入烤箱，以上火220℃／下火
　　180℃，烤約8分鐘，關上火，
　　再以上火0℃／下火180℃，烤
　　約7分鐘，出爐，表面塗刷糖水
　　即可。

虎紋迷彩可頌

雖然作工稍為繁複，需要花點時間製作花紋麵皮，
但美觀又可口的吸睛可頌，
拿來送人一定能帶給人美味驚喜！

基本工序

攪拌
· 所有材料慢速攪拌成團，加入新鮮酵母拌勻，轉中
  速攪拌至光滑8分筋。
· 攪拌完成溫度25℃。
· 切取出原味麵團1000g，原味麵團360g、360g。
· 取麵團360g加入可可粉及水揉成可可麵團。

▽

基本發酵
· 麵團，滾圓，基發30分。

▽

冷藏鬆弛
· 麵團壓平，鬆弛12小時（5℃）。

▽

折疊裹入
· 裹入油。將麵團（1000g）包裹入油。
· 折疊。4折2次。
· 鬆弛30分。

▽

分割、整型
· 白色疊合可可麵團，延壓成片，捲成圓柱狀，鬆
  弛，切圓片。
· 圓形片鋪放白麵團表面，鬆弛，延壓成厚0.5cm片
  狀。鬆弛30分。
· 切成10×22cm等腰三角形（約60g）。鬆弛30分。
· 整型成直型可頌。

▽

最後發酵
· 室溫鬆弛30分，解凍回溫。
· 90分（發酵箱28℃，75%）。
· 室溫乾燥5-10分。

▽

烘烤
· 烤8分（220℃／180℃）。再烤7分（0℃／180℃）。
· 薄刷糖水。

類型 —— 可頌類，4×4   難易度 —— ★★★★★

▼ **麵團**（1738g）

A
┌ 麥典法國粉⋯1000g
│ 細砂糖⋯100g
│ 鹽⋯20g
└ 羅亞發酵奶油⋯50g

B
┌ 麥芽精⋯10g
│ 水⋯500g
└ 新鮮酵母⋯40g

C
┌ 可可粉⋯9g
└ 水⋯9g

▼ **折疊裹入**

卡多利亞片狀奶油⋯280g

▼ **表面用**

糖水（P82）

《 作法 》

麵團製作

01 參照「法式經典可頌」P45-49，作法1-3的製作方式攪拌麵團至約8分筋狀態。取出麵團，切取麵團1000g、360g、360g；取其中麵團（360g）加入材料C揉和均勻，做成可可麵團。

02 參照「法式經典可頌」作法4-5的製作方式，將麵團進行基本發酵、冷藏鬆弛，完成麵團的製作。

折疊裹入－白色折疊麵團

03 參照「法式經典可頌」，作法6-12的折疊方式，將片狀奶油包裹入麵團（1000g）中，捏緊接合口完全包覆住奶油。

04 轉向，以壓麵機延壓平整薄至成厚約0.8cm。將左側3/4向內折疊。

05 再將右側1/4向內折疊。

06 折疊成型。

07 再對折，折疊成4折（完成第1次的4折作業／4折1次）。

08 用擀麵棍輕按壓兩側的開口邊，讓麵團與奶油緊密貼合。

09 用塑膠袋包覆，冷凍鬆弛約30分鐘。

10 將麵團放置撒有高筋麵粉的檯面上，再延壓平整至成厚約0.8cm。

11 將左側3/4向內折疊。

12 再將右側1/4向內折疊。

13　再對折，折疊成4折（完成第2次的4折作業／4折2次）。

14　用擀麵棍輕按壓兩側的開口邊，讓麵團與奶油緊密貼合。

15　將麵團延壓平整、展開至成寬25cm。再轉向延壓平整出長度、厚度約1cm，用塑膠袋包覆，冷凍鬆弛約30分鐘。

組合折疊麵團

16　將白色麵團（360g）延壓擀平成寬15cm×長40cm。

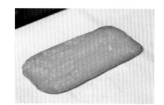

17　可可麵團（360g）延壓擀平成寬15cm×長40cm。

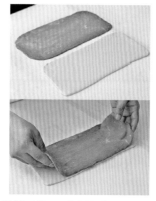

18　將擀平的可可麵團疊放在白色麵團上。

19　再延壓平整至成約0.5cm厚、噴上水霧。

20　從前端往內順勢捲起至底，並於底端稍延壓開（幫助黏合）。

21　收口於底，成圓柱型，包覆塑膠袋，冷凍鬆弛約30分鐘。

22　將圓柱型麵團，切成厚約0.5cm圓形片。

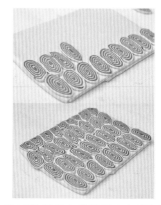

23　整齊的鋪放在作法⑮白色麵團上，包覆塑膠袋，冷凍鬆弛約30分鐘。

24　再延壓平整、展開，先就麵團寬度壓至寬約44cm。轉向延壓平整出長度、厚度約0.5cm，包覆塑膠袋，冷凍鬆弛約30分鐘。

▽

分割

25　將麵團裁成寬22cm×厚0.5cm
　　長片，對折疊合。

26　量測出底邊10cm×高22cm等
　　腰三角形記號。

27　將左右側邊切除，再裁成底邊
　　10cm×高度22cm的等腰三角形
　　（約60g）。

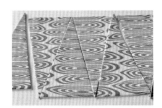

28　將分割完成的三角片，覆蓋塑膠
　　袋冷藏鬆弛約30分鐘。

整型、最後發酵

29　將三角片稍微拉長、翻面，白色
　　麵皮朝上。

30　從底邊由外朝內側捲起。

31　尾端壓至底下方，成直型可頌，
　　並稍按壓。

32　將整型完成麵團尾端朝下，排
　　列放置烤盤上，放置室溫30分
　　鐘，待解凍回溫。

33　再放入發酵箱，最後發酵約90分
　　鐘（溫度28℃，濕度75%）。放置
　　室溫乾燥約5-10分鐘。

▽

烘烤

34　放入烤箱，以上火220℃／下火
　　180℃，烤約8分鐘，關上火，
　　再以上火0℃／下火180℃，烤
　　約7分鐘。

35　出爐，表面塗刷糖水即可。

巴黎香榭可頌

香甜不膩味道，與酥香可頌相互提引，
風味風靡萬眾的花紋可頌。

基本工序

攪拌
- 所有材料慢速攪拌成團，加入新鮮酵母拌勻，轉中速攪拌至光滑8分筋。
- 攪拌完成溫度25℃。
- 切取出原味麵團450g、1270g。
- 取麵團1270g加入可可粉及水揉成可可麵團，再切成150g、1120g。

▽

基本發酵
- 麵團，滾圓，基發30分。

▽

冷藏鬆弛
- 麵團壓平，鬆弛12小時（5℃）。

▽

折疊裹入
- 將裹入油分成310g、126g。分別將麵團包裹入油。
- 折疊。可可麵團（1120g），做4折2次折疊，鬆弛30分。白色麵團（450g），做4折1次折疊。
- 可可麵團（150g）壓平，包覆白色麵團，延壓成厚約0.5片狀，分切成4等份，再疊合，做4折2次疊合，冷凍鬆弛。

▽

分割、整型
- 切成寬0.5cm條狀。
- 雙色麵條鋪放可可麵團表面，延壓成厚0.45cm片狀。鬆弛30分。
- 切成8×20cm等腰三角形（約55g），鬆弛30分。
- 整型成直型可頌。

▽

最後發酵
- 室溫鬆弛30分，解凍回溫。
- 70分（發酵箱28℃，75%）。
- 室溫乾燥5-10分。

▽

烘烤
- 烤8分鐘（220℃／180℃），再烤7分鐘（0℃／180℃）。
- 薄刷香草糖水。

類型 —— 可頌類，4×4　　難易度 —— ★★★★★

《 材料 》

▼ **麵團**（1780g）

A
- 麥典法國粉…1000g
- 細砂糖…100g
- 鹽…20g
- 羅亞發酵奶油…50g

B
- 麥芽精…10g
- 水…500g
- 新鮮酵母…40g

C
- 可可粉…30g
- 水…30g

▼ **折疊裹入**

卡多利亞片狀奶油…440g

▼ **表面用**

香草糖水（P76）

《 作法 》

麵團製作

01　參照「法式經典可頌」P45-49，作法1-3的製作方式攪拌麵團至約8分筋狀態。取出麵團，切取麵團1270g、450g二份；將其中麵團（1270g）加入材料C揉和均勻，即成可可麵團；再將可可麵團切分成1120g、150g。

02　參照「法式經典可頌」，作法4-5的製作方式，將麵團進行基本發酵、冷藏鬆弛，完成麵團的製作。

折疊裹入－可可折疊麵團

03　將裹入油分成310g、126g，分別擀平，平整至成軟硬度與麵團相同的長方狀。

04　將冷藏過可可麵團（1120g）延壓薄成長方片，寬度相同，長度約為裹入油的2倍長。

05　將裹入油（310g）擺放可可麵團（1120g）中間，用擀麵棍在裹入油的兩側邊稍按壓出凹槽。

06　將左右側麵團朝中間折疊，完全包覆住裹入油，並將接口處稍捏緊密合。

07　將上下兩側的開口處捏緊密合，完全包裹住奶油，避免空氣進入。

08　轉向以壓麵機延壓平整薄至成厚約0.8cm。

09　將左側3/4向內折疊，再將右側1/4向內折疊。

10　再對折，折疊成4折（完成第1次的4折作業／4折1次）。

11　用擀麵棍輕按壓兩側的開口邊，讓麵團與奶油緊密貼合，用塑膠袋包覆，冷凍鬆弛約30分鐘。

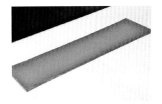

12　麵團延壓平整至成厚約0.8cm。

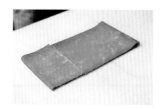

13 將左側3/4向內折疊，再將右側1/4向內折疊。

14 再對折，折疊成4折（完成第2次的4折作業／4折2次）。

15 用擀麵棍輕按壓兩側的開口邊，讓麵團與奶油緊密貼合，用塑膠袋包覆，冷凍鬆弛約30分鐘。

折疊裹入－白色折疊麵團

16 將冷藏過白色麵團（450g）延壓薄成長方片，中間擺放裹入油（126g），用擀麵棍在裹入油的兩側邊稍按壓出凹槽。

17 將左右側麵團朝中間折疊，完全包覆住裹入油。

18 並將接口處稍捏緊密合，完全包裹住奶油，避免空氣進入。

19 轉向以壓麵機延壓平整薄至成厚約0.8cm。

20 將左側3/4向內折疊，再將右側1/4向內折疊。

21 再對折，折疊成4折（完成第1次的4折作業／4折1次）。

22 用擀麵棍輕按壓兩側的開口邊，讓麵團與奶油緊密貼合。

組合折疊麵團

23 將可可麵團（150g）延壓成稍大於作法㉒的方形片（足夠包覆的大小即可，不可過薄）。

24 覆蓋在白色折疊麵團上。

25 沿著四邊稍黏貼收合，包覆住折疊麵團，包覆塑膠袋，冷凍鬆弛約30分鐘。

26 將作法㉕雙色麵團再延壓平整出長度、厚度約0.5cm。再分切成4等份，並以相同方向堆疊組合成4層（做4折2疊合），冷凍鬆弛30分鐘。再裁切成寬約0.5cm長條。

27 在完成4折2次的可可麵團表面，整齊排放上條狀的雙色麵團（以相同方向、斷面朝上）。

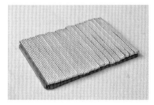

28 鋪滿整個表面。

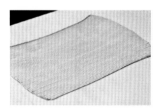

29 再延壓平整、展開，先就麵團寬度壓至成寬約40cm，再轉向延壓平整出長度、厚度約0.45cm。整型完成後，包覆塑膠袋，冷凍鬆弛約30分鐘。

▽

分割

30 將麵團裁成寬20cm×厚0.45cm長片，分切成二片，量測出底邊8cm×高20cm的等腰三角形記號。

31 將左右側邊切除，裁切成底邊8cm×高度20cm三角形（約55g）。將分割完成的三角片，覆蓋塑膠袋冷藏鬆弛約30分鐘。

▽

整型、最後發酵

32 將三角片可可麵皮朝上，從底邊由外朝內側捲起。

33 尾端壓至底下方，成直型可頌，並稍按壓。

34 將整型完成麵團尾端朝下，排列放置烤盤上，放置室溫30分鐘，待解凍回溫。

35 再放入發酵箱，最後發酵約70分鐘（溫度28℃，濕度75%）。放置室溫乾燥約5-10分鐘。

▽

烘烤

36 放入烤箱，以上火220℃／下火180℃，烤約8分鐘，關上火，再以上火0℃／下火180℃，烤約7分鐘，表面塗刷香草糖水即可。

2

鬆脆溫潤
丹麥麵包

Danish Pastry

丹麥與可頌都是在麵團內包裹奶油，
以一層麵團一層奶油折疊擀壓，製法獨特的麵團。
傳統的丹麥麵團會添加蛋和砂糖、多搭配甜味食材組合，
因此麵團要比可頌稍甜、裹油比例稍低，
口感甜軟，酥脆度及層次不如可頌。
造型沒有固定的形狀，隨著堆疊奶油量與折疊數的差異，
以及擺放配料的裝飾不同，而有各式花俏的吸睛造型。
香濃風味，酥鬆爽口外皮、柔軟的內裡口感，
最是丹麥麵包的特色。

丹麥麵團的基本製作

本單元將就適用於本書丹麥麵團的直接種法、中種種法、法國老麵法,等基本麵種的製作介紹。

基本的發酵種法,可用於麵團中的風味變化。

丹麥麵團

（直接法）

適用 — 丹麥麵團類

材料

麵團（1838g）

麥典麵包專用粉…700g
低筋麵粉…300g
細砂糖…150g
鹽…18g
羅亞發酵奶油…80g
全蛋…100g
牛奶…100g
水…350g
新鮮酵母…40g

混合攪拌

01　將麵包專用粉、低筋麵粉、細砂糖、鹽、奶油,慢速攪拌混合均勻。

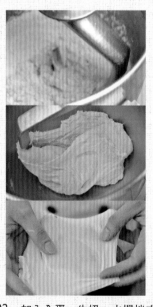

02　加入全蛋、牛奶、水攪拌成團後,加入新鮮酵母拌勻,再轉中速攪拌至表面光滑,約8分筋狀態（完成麵溫約25℃）。

攪拌完成狀態,可拉出均勻薄膜、筋度彈性。

基本發酵

03　將麵團整理成圓滑狀態,放入容器中,放置室溫基本發酵約30分鐘。

冷藏鬆弛

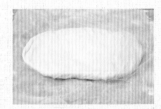

04　用手拍壓麵團將氣體排出,壓平整成長方狀,放置塑膠袋中,冷藏（5℃）鬆弛約12小時。

關於直接法

將所有材料依先後次序一次混合攪拌完成後發酵的製作方式,是最基本的發酵法。簡單的製程能發揮原有材料的風味,讓麵團釋出豐富的小麥香。

丹麥麵團

（中種法）

適用 ── 丹麥麵團類

材料

中種麵團（1060g）

麥典麵包專用粉…700g
牛奶…350g
新鮮酵母…10g

主麵團（778g）

A
[低筋麵粉…300g
細砂糖…150g
鹽…18g
羅亞發酵奶油…80g]

B
[全蛋…100g
牛奶…100g]

C - 新鮮酵母…30g

中種麵團

01　將中種麵團所有材料以慢速攪拌均勻約6分鐘。

02　將麵團覆蓋保鮮膜，室溫基本發酵約30分鐘，再移置冷藏（約5℃）發酵12小時。

混合攪拌－主麵團

03　將主麵團的材料Ⓐ慢速攪拌混合均勻。

04　加入全蛋、牛奶攪拌成團後，再加入中種麵團慢速攪拌至成團。

05　加入新鮮酵母拌勻，再轉中速攪拌至表面成光滑，約8分筋狀態（完成麵溫約25℃）。

攪拌完成狀態，可拉出均勻薄膜、筋度彈性。

基本發酵

06　將麵團整理成圓滑狀態，放入容器中，放置室溫基本發酵約30分鐘。

冷藏鬆弛

07　用手拍壓麵團將氣體排出，壓平整成長方狀，放置塑膠袋中，冷藏鬆弛約4小時。

關於中種法

事先將部分材料混合發酵（做成中種），再加入其他材料攪拌（做成主麵團），使其發酵，二階段式攪拌的製作法。由於發酵時間長，促進澱粉糖化，因此麵團具特有的深層風味，做好的製品具份量感，柔軟的內層也較不易硬化更具保存性，充滿發酵特有的香味。

丹麥麵團

（法國老麵法）

適用 — 丹麥麵團類

材料

麵團（2138g）

┌ 麥典麵包專用粉…700g
│ 低筋麵粉…300g
│ 細砂糖…150g
│ 鹽…18g
A │ 新鮮酵母…40g
│ 全蛋…100g
│ 牛奶…100g
│ 水…350g
└ 羅亞發酵奶油…80g
B ‒ 法國老麵…300g（P44）

混合攪拌

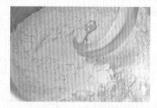

01　將麵包專用粉、低筋麵粉、細砂糖、鹽、奶油，放入攪拌缸用中慢速攪拌混合均勻。

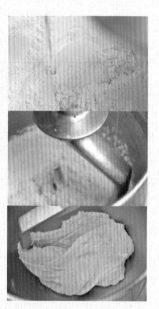

02　加入全蛋、牛奶、水攪拌後，再加入法國老麵（參見P44）慢速攪拌至成團。

03　再加入新鮮酵母拌勻，轉中速攪拌至表面光滑，約8分筋狀態（完成麵溫約25℃）。

基本發酵

04　將麵團整理成圓滑狀態，放入容器中，放置室溫基本發酵約30分鐘。

冷藏鬆弛

05　用手拍壓麵團將氣體排出，壓平整成長方狀，放置塑膠袋中，冷藏（5℃）鬆弛約12小時。

關於法國老麵法

從使用的法國麵團中擷取部分，經過一夜低溫發酵製成的法國老麵，具有安定發酵力，適用於任何類型的麵包製作，能釀酵出微量的酸味及甘甜風味，讓麵包帶有柔和的美味。書中使用的法國老麵，是將攪拌好麵團經以60分鐘基本發酵後，冷藏發酵12小時以上後使用。

雪花焦糖珍珠貝

將折疊麵團包餡，對折成扇貝造型，
表層沾裹粗粒砂糖，與酥脆層次形成獨特口感，
外層的漩渦紋路呈現出美麗分明的層次。

類型 ── 丹麥類，3×3×3
難易度 ── ★★★

基本工序

攪拌
- 所有材料慢速攪拌成團，加入新鮮酵母拌勻，
  轉中速攪拌至光滑8分筋。
- 攪拌完成溫度25℃。

▽

基本發酵
- 滾圓，基發30分。

▽

冷藏鬆弛
- 麵團壓平，鬆弛12小時（5℃）。

▽

折疊裹入
- 麵團包油。
- 折疊，3折3次，折疊後冷凍鬆弛30分。

▽

分割、整型
- 延壓至0.5cm，寬40cm。
- 捲成圓柱狀，鬆弛30分，分切，沾裹細砂糖。
- 擀成橢圓形，包餡，整型成半月型。

▽

最後發酵
- 室溫鬆弛30分，解凍回溫。
- 60分（發酵箱28℃，75%）。
- 室溫乾燥5-10分。

▽

烘烤
- 烤15分（210℃／170℃）。
- 篩灑糖粉。

▼ 麵團（1840g）

麥典法國粉…700g
麥典麵包專用粉…300g
奶粉…50g
細砂糖…100g
鹽…20g
新鮮酵母…40g
全蛋…150g
鮮奶油…150g
水…250g
羅亞發酵奶油…80g

▼ 折疊裹入

卡多利亞片狀奶油…500g

▼ 夾層內餡

白酒卡士達

▼ 表層用

細砂糖、糖粉

《 作法 》

麵團製作

01　參照「脆皮杏仁卡士達」，P106-109，作法3-7的製作方式，攪拌、基本發酵、冷藏鬆弛，完成麵團的製作。

▽

折疊裹入

02　參照「脆皮杏仁卡士達」，作法8的折疊方式，將片狀奶油包裹入麵團中。

03　參照「脆皮杏仁卡士達」，作法9-20的折疊方式，完成3折3次的折疊麵團。

04　將麵團延壓平整、展開，先就麵團寬度壓至成寬約40cm。

05　再轉向延壓平整出長度、厚度約0.5cm。

▽

分割、整型、最後發酵

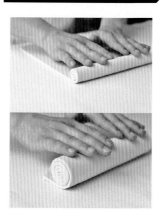

06　將麵團從外而內捲成圓柱型。

07　收口於底，成圓柱狀，包覆，冷凍鬆弛約30分鐘。

08　分切成塊狀（約80g），約可切成28個。

09　並在表面沾裹砂糖。

10　將沾砂糖面朝底，以擀麵棍敲平（或丹麥機）。

11　由中間朝上朝下擀壓成厚度約0.4cm橢圓片狀（要讓圓心保持在中央的位置，烤後表面才會有美麗的漩渦層次）。

12　將橢圓片擠入白酒卡士達（約40g）。

13　對折包覆成半圓片。

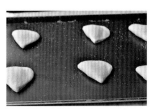

14　再沿著邊捏合成型，表面沾裹上砂糖，放置室溫30分鐘，待解凍回溫。

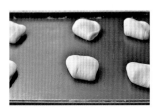

15　再放入發酵箱，最後發酵約60分鐘（溫度28℃，濕度75%），放置室溫乾燥約5-10分鐘。

▽

烘烤、裝飾

16　放入烤箱，以上火210℃／下火170℃，烤約15分鐘，出爐。

17　待冷卻，在側邊覆蓋上烤焙紙，篩灑上糖粉裝飾。

手 感 美 味

白酒卡士達餡

《 材料 》

白葡萄酒150g、鮮奶油70g、細砂糖30g、低筋麵粉20g、無鹽奶油60g、蛋黃220g、糖漬橘皮絲100g、牛奶80g

《 作法 》

① 將鮮奶油、牛奶加熱煮沸。

② 細砂糖、蛋黃、低筋麵粉攪拌混合均勻。

③ 待作法①煮沸，再沖入到作法②中拌勻，邊拌邊煮至沸騰，離火。

④ 再加入奶油拌勻至融化，加入白葡萄酒拌勻，過篩待冷卻，加入橘皮絲拌勻，冷藏。

脆皮杏仁卡士達

用拉網刀在丹麥麵皮上切割出網狀線條，
中空處填入滑順香甜的香草卡士達，
濃郁奶香味與香草卡士達餡的香甜形成絕妙的滋味。

基本工序

攪拌
- 所有材料慢速攪拌成團，加入新鮮酵母拌勻，
  轉中速攪拌至光滑8分筋。
- 攪拌完成溫度25℃。

▽

基本發酵
- 滾圓，基發30分。

▽

冷藏鬆弛
- 麵團壓平，鬆弛12小時（5℃）。

▽

折疊裹入
- 麵團包油。
- 折疊，3折3次，折疊後冷凍鬆弛30分。

▽

分割、整型
- 延壓至0.4cm，切成10×20cm。
- 鬆弛30分，切割拉網，整型成圓柱狀。

▽

最後發酵
- 室溫鬆弛30分，解凍回溫。
- 60分（發酵箱28℃，75%）。
- 室溫乾燥5-10分。
- 刷蛋液，撒上杏仁片。

▽

烘烤
- 烤14分（210℃／170℃）。
- 擠入卡士達餡。

類型 —— 丹麥類，3×3×3   難易度 —— ★★

───────《 材料 》───────

▼ **麵團**（1840g）

麥典法國粉…700g
麥典麵包專用粉…300g
奶粉…50g
細砂糖…100g
鹽…20g
新鮮酵母…40g
全蛋…150g
鮮奶油…150g
水…250g
羅亞發酵奶油…80g

▼ **折疊裹入**

卡多利亞片狀奶油…500g

▼ **表面用**

杏仁片、蛋液

▼ **夾層餡用**

香草卡士達餡（P36）

───────《 作法 》───────

事前準備

01 拉網滾輪刀。

02 中空圓管模14.5cm。

混合攪拌

03 將法國粉、麵包專用粉、奶粉、
　 細砂糖、鹽、奶油，放入攪拌缸
　 中以慢速攪拌混合均勻。

04 加入全蛋、鮮奶油、水慢速攪拌
　 成團。

05 加入新鮮酵母拌勻，再轉中速
　 攪拌至表面光滑，約8分筋狀態
　（完成麵溫約25℃）。

基本發酵

06 將麵團放入容器中，放置室溫基
　 本發酵約30分鐘。

冷藏鬆弛

07 用手拍壓麵團將氣體排出，壓平
　 整成長方狀，放置塑膠袋中，冷
　 藏（5℃）鬆弛約12小時。

折疊裹入

08 參照「法式經典可頌」P45-
　 49，作法6-13的折疊方式，將
　 片狀奶油包裹入麵團中。以壓麵
　 機延壓平整薄至成厚約0.8cm。

09 將左側1/3向內折疊，再將右側
　 1/3向內折疊。

10 折疊成3折（完成第1次的3折作
　 業／3折1次），從側面看為3
　 折。

POINT

折疊時，邊端先對齊，這樣才能折
出整齊的麵團；四邊角若不是呈直
角的話，油就會無法到達角落。

11 用擀麵棍輕按壓兩側的開口邊，
　 讓麵團與奶油緊密貼合。

12 轉向，將麵團放置撒有高筋麵粉的檯面上，擀壓平整後，再將左側1/3向內折疊。

13 再將右側1/3向內折疊。

14 折疊成3折（完成第2次的3折作業／3折2次）。

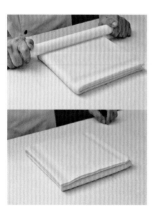

15 用擀麵棍輕按壓兩側的開口邊，讓麵團與奶油緊密貼合。

16 用塑膠袋包覆，冷凍鬆弛約30分鐘。

17 將麵團放置撒有高筋麵粉的檯面上，再延壓平整至成厚0.8cm。

18 將左側1/3向內折疊。

19 再將右側1/3向內折疊，折疊成3折（完成第3次的3折作業／3折3次）。

20 用擀麵棍輕按壓兩側的開口邊，讓麵團與奶油緊密貼合。用塑膠袋包覆，冷凍鬆弛約30分鐘。

21 將麵團延壓平整、展開，先就麵團寬度壓至成寬約40cm。

22 再轉向延壓平整出長度、厚度約0.4cm，對折後用塑膠袋包覆，冷凍鬆弛約30分鐘。

分割

23 將麵團裁成寬20cm×厚0.5cm長片，對折疊起。

24 將左右側切除，裁成10cm×20cm（約80g），約可切成22個，包覆塑膠袋，冷藏鬆弛約30分鐘。

整型、最後發酵

25　用拉網刀在長條麵皮的1/3處往下拉劃切開至底端。

26　形成網狀紋路。

27　翻面。

28　將中空圓管模放置頂端（預留1/3處）。

29　再由外而內捲起至底。

30　接合口於底，成圓柱狀。

31　放置室溫30分鐘待解凍回溫。

32　放入發酵箱，最後發酵約60分鐘（溫度28℃，濕度75％），放置室溫乾燥約5-10分鐘。

33　在表面刷上蛋液。

34　灑上杏仁片。

烘烤、擠餡

35　放入烤箱，以上火210℃／下火170℃，烤約14分鐘，出爐冷卻、脫模。

36　在空心處擠入香草卡士達餡即可。

丹麥紅豆吐司

表層撒上酥菠蘿，多層次的香甜融合為體，
內柔軟外酥香的經典款。

類型 —— 丹麥類，3×2×3

難易度 —— ★★

基本工序

攪拌
・所有材料慢速攪拌成團，加入新鮮酵母拌勻，
　轉中速攪拌至光滑8分筋。
・攪拌完成溫度25℃。

▽

基本發酵
・滾圓，基發30分。

▽

冷藏鬆弛
・麵團壓平，鬆弛12小時（5℃）。

▽

折疊裹入
・麵團包油。
・折疊，3折1次，2折1次，3折1次，折疊後冷
　凍鬆弛30分。

分割、整型
・延壓至0.5cm，切成寬15cm。
・塗抹卡士達餡、紅豆粒，捲成圓柱狀，切小段
　（550g）。
・縱切，編結、放入模型。

最後發酵
・室溫鬆弛30分，解凍回溫。
・90分（發酵箱28℃，75%）。
・刷蛋液，撒上酥菠蘿。

▽

烘烤
・烤40分（200℃／220℃）。
・篩灑糖粉。

《 材料 》

▼ 麵團（1868g）

麥典法國粉…900g
低筋麵粉…100g
新鮮酵母…40g
鹽…16g
細砂糖…120g
奶粉…40g
全蛋…80g
牛奶…190g
水…300g
麥芽精…2g
羅亞發酵奶油…80g

▼ 折疊裹入

卡多利亞片狀奶油…500g

▼ 表面用

酥菠蘿、糖粉

▼ 夾層內餡

紅豆粒…500g
香草卡士達餡（P36）…400g

《 作法 》

事前準備

01　12兩吐司模。

▽

混合攪拌

02　麥芽精、水先拌勻融解。將所有材料（新鮮酵母除外）放入攪拌缸中慢速攪拌混合均勻。

03　攪拌成團後加入新鮮酵母拌勻，再轉中速攪拌至表面光滑，約8分筋狀態（完成麵溫約25℃）。

▽

基本發酵

04　將麵團放入容器中，放置室溫基本發酵約30分鐘。

▽

冷藏鬆弛

05　用手拍壓麵團將氣體排出，壓平整成長方狀，放置塑膠袋中，冷藏（5℃）鬆弛約12小時。

▽

折疊裹入

06　參照「法式經典可頌」P45-49，作法6-13的折疊方式，將片狀奶油包裹入麵團中。以壓麵機延壓平整薄至厚約0.8cm。

07　參照「法式經典可頌」，作法14-26的折疊方式，完成3折1次、2折1次、3折1次的折疊麵團。

08　將麵團延壓平整、展開，先就麵團寬度壓至成寬約15cm。

09　再轉向延壓平整出長度、厚度約0.5cm，對折後用塑膠袋包覆，冷凍鬆弛約30分鐘，再移置冷藏鬆弛約30分鐘。

▽

分割、整型、最後發酵

10　將麵團裁成寬15cm×厚0.5cm長片。

11　表面塗抹卡士達餡（400g）。

12　鋪放上紅豆粒（500g）。

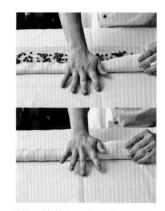

13　從長側邊往內順勢捲起成圓柱。

14　收口於底，成圓柱狀，再分切成
　　2段（每段約550g）。

15　將每小段麵團，從頂端下縱切至
　　底成兩條（頂端預留）。

16　再以切面朝上的方式，交錯編結
　　至底端。

17　收口於底，稍做兩端整型。

POINT

編結時將斷面切口朝上編辮，烤好
會較有明顯的層次紋路；若表面朝
上則較平扁，較無法烤出美麗的層
次。

18　收口朝底，放入12兩吐司模
　　中，放置室溫30分鐘待解凍回
　　溫。

19　再放入發酵箱，最後發酵約90
　　分鐘（溫度28℃，濕度75%）
　　至約8分滿，刷上蛋液。

20　表面灑上酥菠蘿。

▽

烘烤

21　放入烤箱，以上火200℃／下火
　　220℃，烤約40分鐘，出爐、脫
　　模，待冷卻，灑上糖粉。

手 感 美 味

酥菠蘿

《材料》

無鹽奶油55g、細砂糖80g、
低筋麵粉110g

《作法》

① 將奶油、細砂糖攪拌鬆
　　發，加入過篩的低筋麵粉
　　混合拌匀。

② 將作法①包覆塑膠袋，冷
　　凍30分鐘，取出，即可使
　　用。

巴特丹麥吐司

層層折疊麵團內裡間充滿奶油香氣，
綿密的質地帶著濃郁的層次奶香，
看的到層次分明的組織質地，口感特別的經典丹麥吐司！

類型 —— 丹麥類，3×2×3
難易度 —— ★★

基本工序

攪拌
- 所有材料慢速攪拌成團，加入新鮮酵母拌勻，
  轉中速攪拌至光滑8分筋。
- 攪拌完成溫度25℃。

▽

基本發酵
- 滾圓，基發30分。

冷藏鬆弛
- 麵團壓平，鬆弛12小時（5℃）。

▽

折疊裹入
- 麵團包油。
- 折疊，3折1次，2折1次，3折1次，折疊後冷
  凍鬆弛30分。

▽

分割、整型
- 延壓至0.5cm，寬40cm。
- 捲成圓柱狀，切小段（約600g）。
- 縱切，編結、放入模型。

▽

最後發酵
- 室溫鬆弛30分，解凍回溫。
- 90分（發酵箱28℃，75%）。

▽

烘烤
- 烤40分（200℃／220℃）。

《 材料 》

▼ 麵團（1868g）

麥典法國粉…900g
低筋麵粉…100g
新鮮酵母…40g
鹽…16g
細砂糖…120g
奶粉…40g
全蛋…80g
牛奶…190g
水…300g
麥芽精…2g
羅亞發酵奶油…80g

▼ 折疊裹入

卡多利亞片狀奶油…500g

《 作法 》

事前準備

01　12兩吐司模。

▽

混合攪拌

02　麥芽精、水先拌勻融解。將所有
　　材料（新鮮酵母除外）放入攪拌
　　缸中慢速攪拌混合均勻。

03　攪拌成團後加入新鮮酵母拌
　　勻，再轉中速攪拌至表面光
　　滑，約8分筋狀態（完成麵溫約
　　25℃）。

基本發酵

04　將麵團放入容器中，放置室溫基
　　本發酵約30分鐘。

冷藏鬆弛

05　用手拍壓麵團將氣體排出，壓平
　　整成長方狀，放置塑膠袋中，冷
　　藏（5℃）鬆弛約12小時。

▽

折疊裹入

06　參照「法式經典可頌」P45-
　　49，作法6-13的折疊方式，將
　　片狀奶油包裹入麵團中。以壓麵
　　機延壓平整薄至厚約0.8cm。

07　參照「法式經典可頌」，作法
　　14-26的折疊方式，完成3折1
　　次、2折1次、3折1次的折疊麵
　　團。

08　將麵團延壓平整、展開，先就麵
　　團寬度壓至成寬約40cm。

09 再轉向延壓平整出長度、厚度約0.5cm，對折後用塑膠袋包覆，冷凍鬆弛約30分鐘。

▽

分割、整型、最後發酵

10 將麵團橫向放置，從前端向內順勢捲起。

11 收口於底，成圓柱狀，分切小段（約600g）。

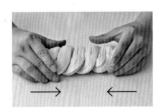

12 將麵團從圓柱頂端下縱切至底切分成兩半圓條。

13 將麵團以切面朝上，交錯放置。

14 再由交錯點為中心朝上、下，編結至底。

15 收口於底、稍按壓密合。

16 再聚攏兩端整型。

POINT
編結時將斷面切口朝上編辮，烤好會較有明顯的層次紋路；若表面朝上則較平扁，較無法烤出美麗的層次。

17 再將兩端往下彎折收合於底部。

18 收口朝下，放入12兩吐司模中。放置室溫30分鐘，待解凍回溫。再放入發酵箱，最後發酵約90分鐘（溫度28℃，濕度75%）至約8分滿，帶蓋烘烤。

▽

烘烤

19 放入烤箱，以上火200℃／下火220℃，烤約40分鐘，出爐。

手撕丹麥波波

外皮酥香，內裡柔軟綿密，帶著濃郁奶油香氣，
層層撕開，吃得到綿密與奶香，
手撕 16 層的別有魅力！

基本工序

攪拌
· 中種麵團。所有材料攪拌成團，基發60分。
· 主麵團。將中種、主麵團材料攪拌至光滑8
　分筋。
· 攪拌完成溫度27℃。

基本發酵
· 滾圓，基發30分。

▽

冷藏鬆弛
· 麵團壓平，鬆弛2小時。

▽

折疊裹入
· 麵團包油。
· 折疊，4折2次，折疊後冷凍鬆弛30分。

▽

分割、整型
· 延壓至1cm。兩側向內對折2次，再對折。
· 分切小段（500g），放入模型。

最後發酵
· 室溫鬆弛30分，解凍回溫。
· 90分（發酵箱28℃，75%）。

▽

烘烤
· 烤15分（200℃／200℃），再烤10分
　（180℃／200℃）。
· 刷香草糖水。

類型 —— 丹麥類，4×4　　　難易度 —— ★★★

《 材料 》

▼ **中種麵團**（1266g）

麥典法國粉…700g
細砂糖…30g
新鮮酵母…30g
全蛋…100g
水…366g

▼ **主麵團**（752g）

麥典麵包專用粉…300g
細砂糖…150g
鹽…10g
奶粉…30g
蜂蜜…50g
鮮奶油…66g
水…66g
羅亞發酵奶油…80g

▼ **折疊裹入**

卡多利亞片狀奶油…500g

▼ **表面用－香草糖水**

細砂糖…65g
水…50g
香草酒…15g

《 作法 》

事前準備

01　6寸圓形模。

香草糖水

02　將細砂糖、水煮沸騰。

03　待冷卻，加入香草酒拌勻。

04　即成香草糖水。

中種麵團

05　將中種麵團所有材料放入攪拌缸中慢速攪拌均勻成團，室溫（約27℃）基本發酵約60分鐘。

混合攪拌

06　將主麵團的所有材料（奶油除外）事先冷凍降溫。將中種麵團、主麵團所有材料、奶油混合攪拌至表面光滑，約8分筋狀態（完成麵溫約27℃）。

基本發酵

07　將麵團放入容器中，放置室溫基本發酵約30分鐘。

冷藏鬆弛

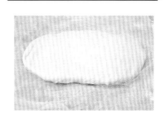

08　切取麵團（1950g），用手拍壓麵團將氣體排出，壓平整成長方狀，放置塑膠袋中，冷凍鬆弛約2小時。

折疊裹入

09 參照「法式經典可頌」P45-49，作法6-13的折疊方式，將片狀奶油包裹入麵團中。轉向，以壓麵機延壓平整薄至厚約0.8cm。

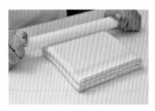

10 參照「法式牛角可頌」P50-53，作法3-13的折疊方式，完成4折2次的折疊麵團。用擀麵棍輕按壓兩側的開口邊，讓麵團與奶油緊密貼合。

11 用塑膠袋包覆，冷凍鬆弛約30分鐘。

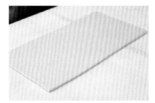

12 將麵團延壓平整、展開，先就麵團寬度壓至成寬約42cm。再轉向延壓平整出長度、厚度約1cm。

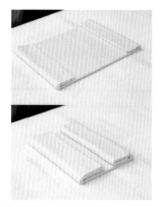

13 將麵團左右兩側分別朝內各對折兩小折。

14 再對折，用塑膠袋包覆，冷凍鬆弛約30分鐘。

▽

分割、整型、最後發酵

15 將對折的麵團分切成每個小段狀（約500g）。

16 以斷面朝底的方式放入圓形模中。

17 放置室溫30分鐘，待解凍回溫。再放入發酵箱，最後發酵約90分鐘（溫度28℃，濕度75%），至烤模的7分滿。

▽

烘烤

18 放入烤箱，以上火200℃／下火200℃，烤約15分鐘，再以上火180℃／下火200℃，烤約10分鐘，出爐，刷上香草糖水即可。

橙香草莓星花

酥鬆皮層，鏤空的巧思紋飾，透著香氣十足的果餡，
鏤空紋飾的造型與香甜的滋味口感，別出心裁的星花丹麥。

基本工序

攪拌
- 所有材料慢速攪拌成團，加入新鮮酵母拌勻，
  轉中速攪拌至光滑8分筋。
- 攪拌完成溫度25℃。

▽

基本發酵
- 滾圓，基發30分。

▽

冷藏鬆弛
- 麵團壓平，鬆弛12小時（5℃）。

▽

折疊裹入
- 麵團包油。
- 折疊，3折1次，2折1次，3折1次，折疊後冷
  凍鬆弛30分。

▽

分割、整型
- 延壓至0.45cm，用模型壓出八角星形花片，
  鬆弛30分。
- 2片為組，一片壓出鏤空花形；另一片中心稍
  按壓，放上內餡，再覆蓋組合。

▽

最後發酵
- 室溫鬆弛30分，解凍回溫。
- 60分（發酵箱28℃，75%）。
- 室溫乾燥5-10分。
- 刷全蛋液。

▽

烘烤
- 烤14分（220℃／170℃）。
- 刷糖水，篩糖粉，裝飾。

類型 —— 丹麥類，3×2×3　　難易度 —— ★★★

119

《材料》

▼ **麵團**（1838g）

麥典麵包專用粉…700g
低筋麵粉…300g
細砂糖…150g
鹽…18g
新鮮酵母…40g
全蛋…100g
牛奶…100g
水…350g
羅亞發酵奶油…80g

▼ **折疊裹入**

卡多利亞片狀奶油…500g

▼ **桔香草莓餡**

覆盆子果泥…50g
細砂糖…45g
全蛋…20g
杏仁粉…70g
覆盆子粉…8g
無鹽奶油…10g
草莓乾…50g
橘皮絲…50g

▼ **表面用**

蛋液、糖水（P82）、糖粉
開心果碎

《作法》

事前準備

01　圓形、玫瑰花嘴。

桔香草莓餡

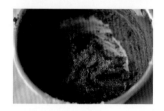

02　將覆盆子果泥加熱後，加入細砂糖、全蛋，以及杏仁粉、覆盆子粉混合拌勻至無粉粒。

03　加入奶油拌勻至融合，再加入草莓乾、橘皮絲拌勻。

混合攪拌

04　將麵包專用粉、低筋麵粉、細砂糖、鹽、奶油放入攪拌缸中慢速攪拌混合均勻。

05　加入全蛋、牛奶、水攪拌均勻成團，再加入新鮮酵母拌勻後，轉中速攪拌至表面光滑，約8分筋狀態（完成麵溫約25℃）。

基本發酵

06　將麵團放入容器中，放置室溫基本發酵約30分鐘。

冷藏鬆弛

07　用手拍壓麵團將氣體排出，壓平整成長方狀，放置塑膠袋中，冷藏（5℃）鬆弛約12小時。

折疊裹入

08　參照「法式經典可頌」，P45-49，作法6-13的折疊方式，將片狀奶油包裹入麵團中。以壓麵機延壓平整薄至厚約0.8cm。

09　參照「法式經典可頌」，作法14-26的折疊方式，完成3折1次、2折1次、3折1次的折疊麵團。

10　將麵團延壓平整、展開，先就麵團寬度壓至成寬約30cm。

11　再轉向延壓平整出長度、厚度約0.45cm，對折後用塑膠袋包覆，冷凍鬆弛約30分鐘。

分割、整型、最後發酵

12 將麵團裁成寬30cm×厚0.45cm長片。用八角星形型壓切出星形麵皮。

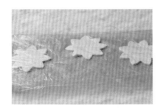

13 覆蓋塑膠袋冷藏鬆弛30分鐘。

14 將八角星花片分成2等份。取其中1等份，用圓形花嘴在中心處壓出小圓花芯。

15 並以小圓為中心，用玫瑰花嘴，對稱八個星形角壓出水滴形。

16 成型花星造型，覆蓋塑膠袋冷藏鬆弛約30分鐘。

17 將另一等份八角星花片，用擀麵棍在中心處輕按壓出凹槽。

18 再放置上滾圓的桔香草莓餡（約20g）。

19 將壓花星花片，覆蓋在作法⑱上。

20 沿著周邊稍加按壓貼合。

21 放置室溫30分鐘，待解凍回溫。再放入發酵箱，最後發酵約60分鐘（溫度28℃，濕度75%）。

22 放置室溫乾燥約5-10分鐘，薄刷全蛋液（P24）。

烘烤、表面裝飾

23 放入烤箱，以上火220℃／下火170℃，烤約14分鐘即可，表面塗刷上糖水。

24 表面覆蓋圓形烤焙紙，在八角星形外圍篩灑上糖粉，並在一內側圓邊以開心果碎點綴即可。

栗子布朗峰

將雙色麵團盤轉成型，烘烤形成漸層式層次造型，
底部以花形塔模加以塑型，形成截然不同的層次花樣。

基本工序

攪拌

- 將材料Ⓐ慢速攪拌均勻，加入材料Ⓑ攪拌成團，加入新鮮酵母拌勻，轉中速攪拌至光滑8分筋。
- 攪拌完成溫度25℃。
- 麵團分割1400g，麵團400g加入可可粉、水揉勻。

▽

基本發酵

- 麵團，滾圓，基發30分。

▽

冷藏鬆弛

- 麵團壓平，鬆弛12小時（5℃）。

▽

折疊裹入

- 麵團包油。
- 折疊。3折3次。
- 可可外皮包覆折疊麵團，冷凍鬆弛30分。

分割、整型

- 延壓至0.4cm，切成11×23cm等腰三角形（約60g）。
- 鬆弛30分。以錐形圓管纏繞，整型。

▽

最後發酵

- 室溫鬆弛30分，解凍回溫。
- 90分（發酵箱28℃，75%）。
- 室溫乾燥5-10分。

烘烤

- 烤12分（220℃／170℃）。
- 擠餡，灑糖粉，用栗子、金箔點綴。

類型──丹麥類，3×3×3　　難易度──★★★

《 材料 》

▼ 麵團（1858g）

A
- 麥典麵包專用粉…700g
- 低筋麵粉…300g
- 細砂糖…150g
- 鹽…18g
- 羅亞發酵奶油…80g

B
- 全蛋…100g
- 牛奶…100g
- 水…350g
- 新鮮酵母…40g

C
- 可可粉…10g
- 水…10g

▼ 折疊裹入

卡多利亞片狀奶油…400g

▼ 完成用

栗子卡士達餡
栗子粒、金箔

──── 《 作法 》 ────

事前準備

01　錐形中空管＆菊花塔模。

▽

混合攪拌

02　將材料Ⓐ放入攪拌缸中慢速攪拌
　　混合均勻。

03　加入材料Ⓑ攪拌成團後，加入新
　　鮮酵母拌勻，再轉中速攪拌至表
　　面光滑，約8分筋狀態（完成麵
　　溫約25℃）。

04　將麵團分切成1400g、400g二
　　分。將其中的麵團（400g）加
　　入材料Ⓒ揉勻，做成可可麵團。

基本發酵

05　將原味麵團、可可麵團放置室
　　溫，基本發酵約30分鐘。

冷藏鬆弛

06　用手拍壓麵團將氣體排出，壓平
　　整成長方狀，放置塑膠袋中，冷
　　藏（5℃）鬆弛約12小時。

▽

折疊裹入

07　參照「法式經典可頌」P45-
　　49，作法6-13的折疊方式，將
　　片狀奶油包裹入麵團（1400g）
　　中。以壓麵機延壓平整薄至成約
　　0.8cm厚。

08　參照「脆皮杏仁卡士達」P106-
　　109，作法9-20的折疊方式，完
　　成3折3次的折疊麵團。用擀麵
　　棍輕按壓兩側的開口邊，讓麵團
　　與奶油緊密貼合。

09　將可可麵團（400g）延壓成稍
　　大於作法⑧的長方形片（足夠包
　　覆即可，不可過薄）。

10　將可可麵團覆蓋在折疊麵團上。

11　沿著四邊稍黏貼收合，包覆住折
　　疊麵團。

12　用塑膠袋包覆，冷凍鬆弛約30
　　分鐘。

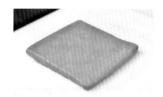

13 將麵團延壓平整、展開，先就麵團寬度壓至成寬約46cm。

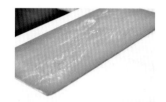

14 再轉向延壓平整出長度、厚度約0.4cm，對折後用塑膠袋包覆，冷凍鬆弛約30分鐘。

分割、整型、最後發酵

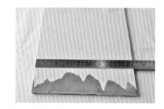

15 將麵團裁成寬23cm×厚0.4cm長片，對折疊起。量測出底邊11cm×高23cm等腰三角形記號。

16 將左右側邊切除，再裁成11cm×高23cm三角形（約60g）。將三角片，覆蓋塑膠袋冷藏鬆弛約30分鐘。

17 將三角片白底朝上，底邊處放置錐形管。

18 由尖頂處固定後順著錐形管盤繞約4圈至底。

19 收口於底端。

20 整型完成，放置菊花塔模中。

21 放置室溫30分鐘，待解凍回溫。再放入發酵箱，最後發酵約60分鐘（溫度28℃，濕度75%），放置室溫乾燥約5-10分鐘。

烘烤、表面裝飾

22 放入烤箱，以上火220℃／下火170℃，烤約12分鐘，出爐，待冷卻，由底部擠入栗子卡士達餡。

23 篩灑上糖粉，頂端放置栗子，再用金箔點綴即成。

手感美味

栗子卡士達餡

《材料》
香草卡士達餡（P36）50g、栗子餡50g、鮮奶油50g、栗子粒50g

《作法》
栗子粒先切碎。將所有材料混合拌勻即可。

榛果巧克力酥

透著相間的細縫隱約還看得見內層榛果巧克力餡，
散發著濃醇的香甜味。

攪拌

· 將材料Ⓐ慢速攪拌均勻，加入材料Ⓑ攪拌成
團，加入新鮮酵母拌勻，轉中速攪拌至光滑8
分筋。
· 攪拌完成溫度25℃。
· 麵團分割1400g，麵團400g加入可可粉、水揉
勻。

▽

基本發酵

· 麵團，滾圓，基發30分。

▽

冷藏鬆弛

· 麵團壓平，鬆弛12小時（5℃）。

▽

折疊裹入

· 麵團包油。
· 折疊。3折3次。
· 可可外皮包覆折疊麵團，冷凍鬆弛30分。

▽

分割、整型

· 延壓至0.4cm，切成10×20cm長形片（約
90g）。
· 鬆弛30分。淺劃刀紋、包餡整型。

▽

最後發酵

· 室溫鬆弛30分，解凍回溫。
· 90分（發酵箱28℃，75%）

▽

烘烤

· 烤13分（210℃／180℃）。
· 篩灑糖粉，點綴。

類型 —— 丹麥類，3×3×3　　難易度 —— ★★★

《 材料 》

▼ **麵團**（1858g）

A
- 麥典麵包專用粉…700g
- 低筋麵粉…300g
- 細砂糖…150g
- 鹽…18g
- 羅亞發酵奶油…80g

B
- 全蛋…100g
- 牛奶…100g
- 水…350g
- 新鮮酵母…40g

C
- 可可粉…10g
- 水…10g

▼ **折疊裹入**

卡多利亞片狀奶油…400g

▼ **夾層內餡－榛果餡**

葡萄糖…100g
鮮奶油…40g
巧克力棒…10支（約70g）
榛果醬…150g
榛果粒…200g
開心果…150g

《 作法 》

榛果餡

01　將榛果粒、開心果混合，用上火150℃／下火150℃，烤約12分鐘，備用。

02　葡萄糖、鮮奶油煮沸騰，加入巧克力棒、榛果醬拌勻，加入作法①堅果拌勻。

03　將作法②分成每個30g，搓揉成長條狀，冷藏備用即可。

▽

麵團製作

04　參照「栗子白朗峰」P122-124，作法2-6的製作方式攪拌麵團至約8分筋狀態。取出麵團，切取麵團1400g、400g二份；將其中麵團（400g）加入材料ⓒ揉和均勻，做成可可麵團。將麵團進行基本發酵、冷藏鬆弛，完成麵團的製作。

▽

折疊裹入

05　參照「法式經典可頌」P45-49，作法6-13的折疊方式，將片狀奶油包裹入麵團（1400g）中。以壓麵機延壓平整薄至成厚約0.8cm。

06　參照「栗子白朗峰」P122-124，作法8-12的折疊方式，完成3折3次的折疊麵團。將可可麵團（400g）包覆住折疊麵團，冷凍鬆弛約30分鐘。

07　將麵團延壓平整、展開，先就麵團寬度壓至成寬約40cm。

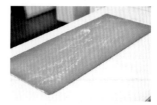

08　再轉向延壓平整出長度、厚度約0.4cm，對折後用塑膠袋包覆，冷凍鬆弛約30分鐘。

▽

分割、整型、最後發酵

09　將麵團裁成寬20cm×厚0.4cm長片，對折疊起。

10　量測出底邊10cm×高20cm記號。

11　將左右側邊切除，再裁成11cm×高23cm長片狀（約90g）。將長方片，覆蓋塑膠袋冷藏鬆弛約30分鐘。

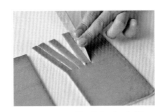

12 **造型A**。將白皮麵朝上在底部1/3處等間距切劃7刀，形成8流蘇狀。

16 **造型B**。將長條片麵皮底部1/3處等間距切劃7刀，形成8流蘇狀。

20 放置室溫30分鐘，待解凍回溫。再放入發酵箱，最後發酵約60分鐘（溫度28℃，濕度75%），放置室溫乾燥約5-10分鐘。

13 再由側邊（左右側第1條預留）以相同方向，依序扭轉1圈形成扭轉紋。

17 翻面，將白皮麵朝上，在前端處下放入榛果餡（約30g）。

烘烤、表面裝飾

21 放入烤箱，以上火210℃／下火180℃，烤約13分鐘，出爐，待冷卻。

14 在前端處下1/3放入榛果餡（約30g）。

18 從前端往下捲起至流蘇齊邊處。

22 **造型A**。在表面側邊篩灑上糖粉，用覆盆子碎點綴。

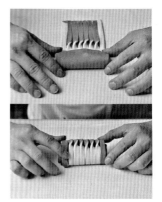

15 再由前端往下捲起至底，收口置於底。

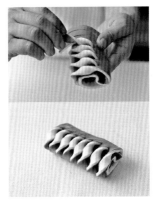

19 再由側邊以相同方向，將每段依序扭轉1圈後朝下按壓，收合於底部成型。

23 **造型B**。在側邊塗刷果膠，灑上開心果碎即可。

富士山巧克力

外層酥脆，質地 Q 軟，口感豐富具層次，
帶著濃郁巧克力香。

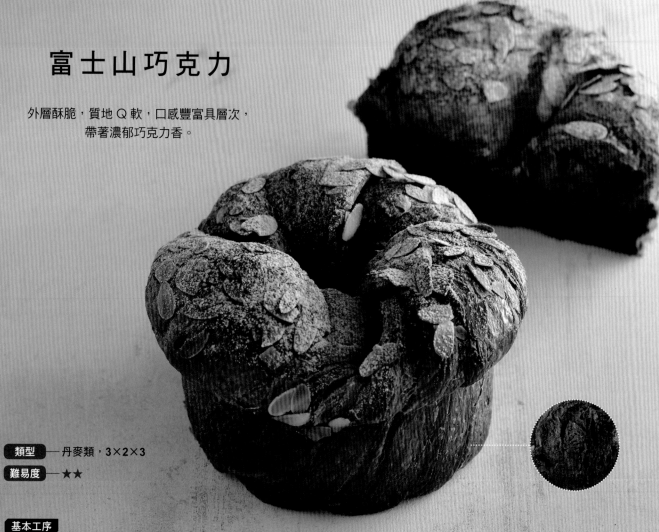

類型——丹麥類，3×2×3

難易度——★★

基本工序

攪拌
- 所有材料慢速攪拌成團，加入新鮮酵母拌勻，
  轉中速攪拌至光滑8分筋。
- 攪拌完成溫度25℃。

▽

基本發酵
- 滾圓，基發30分。

冷藏鬆弛
- 麵團壓平，鬆弛12小時（5℃）。

▽

折疊裹入
- 麵團包油。
- 折疊，3折1次，2折1次，3折1次，折疊後冷
  凍鬆弛30分。

分割、整型
- 延壓至0.5cm，切成寬20cm。
- 包入水滴巧克力，整型成圓柱。
- 切成段（420g），繞成花結，放入模型。

▽

最後發酵
- 室溫鬆弛30分，解凍回溫。
- 60分（發酵箱28℃／75%）。
- 室溫乾燥5-10分。
- 刷蛋液，撒上杏仁片。

▽

烘烤
- 烤30分（180℃／220℃）。
- 篩灑糖粉。

▼ **麵團**（1898g）

麥典麵包專用粉…700g
低筋麵粉…300g
可可粉…20g
細砂糖…100g
鹽…18g
新鮮酵母…40g
全蛋…200g
牛奶…300g
水…100g
羅亞發酵奶油…120g

▼ **折疊裹入**

卡多利亞片狀奶油…450g

▼ **夾層用**

水滴巧克力…240g

▼ **表面用**

蛋液、杏仁片、糖粉

───── 《 作法 》─────

事前準備

01　6寸圓形模。

▽

混合攪拌

02　將麵包專用粉、低筋麵粉、可可粉、細砂糖、鹽、奶油慢速攪拌混合均勻。

03　加入全蛋、牛奶、水攪拌均勻成團，再加入新鮮酵母拌勻後，轉中速攪拌至表面光滑，約8分筋狀態（完成麵溫約25℃）。

基本發酵

04　將麵團放置室溫，基本發酵約30分鐘。

▽

冷藏鬆弛

05　用手拍壓麵團將氣體排出，壓平整成長方狀，放置塑膠袋中，冷藏（5℃）鬆弛約12小時。

▽

折疊裹入－包裹入油

06　將冷藏過可可麵團延壓薄成長方片，寬度相同，長度約為裹入油的2倍長。

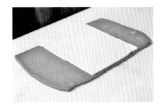

07　將擀平裹入油擺放可可麵團中間。

08　並用擀麵棍在裹入油的兩側邊稍按壓出凹槽。

09　將左右側麵團朝中間折疊，完全包覆住裹入油，但麵皮兩端盡量不重疊，並將接口處稍捏緊密合。

10　將上下兩側的開口處捏緊密合，完全包裹住奶油，避免空氣進入。

折疊裹入－折疊

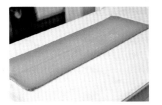

11　轉向，撒上高筋麵粉，以壓麵機延壓平整薄至厚約0.8cm。

12 將左側1/3向內折疊。

13 再將右側1/3向內折疊，折疊成3
折（完成第1次的3折作業／3折
1次）。

14 用擀麵棍輕按壓兩側的開口邊，
讓麵團與奶油緊密貼合。

15 轉向。

16 延壓平整後再對折（2折1次）。

17 用擀麵棍輕按壓兩側的開口邊，
讓麵團與奶油緊密貼合。

18 用塑膠袋包覆，冷凍鬆弛約30
分鐘。

19 將麵團放置撒有高筋麵粉的檯面
上，再延壓平整至成厚0.8cm。

20 將左側1/3向內折疊。

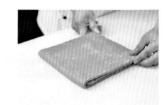

21 再將右側1/3向內折疊，折疊成3
折（完成第2次的3折作業／3折
2次）。

22 用擀麵棍輕按壓兩側的開口邊，
讓麵團與奶油緊密貼合。

23 用塑膠袋包覆，冷凍鬆弛約30分
鐘。

24 將麵團延壓平整、展開，先就麵
團寬度壓至成寬約40cm。

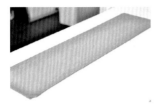

25 再轉向延壓平整出長度、厚度約
0.5cm，對折後用塑膠袋包覆，
冷凍鬆弛約30分鐘。

▽

分割、整型、最後發酵

26 將麵團裁成寬20cm×厚0.5cm
長片，切成兩片。

27 重複折疊後並在側邊劃三切痕
（不切斷）。將切割好的麵團攤
展開放平。

28 在切痕的對側邊下鋪放上水滴巧
克力（約120g）。

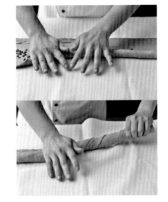

29 由上往下呈斜角度的方式捲起至
底呈圓柱狀。

30 圓柱體麵團分切成段（420g）。

31 再由一端拉起繞成環結。

32 並由環結中空處穿入。

33 拉出纏繞收口於底，形成花結。

34 再稍整型兩側。

35 收口朝底、放入圓形烤模中，放
置室溫30分鐘，待解凍回溫。

36 放入發酵箱，最後發酵約90分
鐘（溫度28℃，濕度75%），
再放置室溫乾燥約5-10分鐘，
表面薄刷全蛋液，鋪放杏仁片。

烘烤

37 放入烤箱，以上火180℃／下火
220℃，烤約30分鐘，出爐、脫
模，待冷卻，灑上糖粉。

歐蕾栗子丹麥

淡淡咖啡香氣，與融化其中的巧克力，
奶油餡、栗子的甘甜搭配得相協調，
外觀造型或口感氣味都令人驚艷的咖啡栗子丹麥。

類型——丹麥類，3×3×3

難易度——★★★

基本工序

攪拌

· 所有材料慢速攪拌成團，加入新鮮酵母拌勻，
　轉中速攪拌至光滑8分筋。
· 攪拌完成溫度25℃。

基本發酵

· 滾圓，基發30分。

冷藏鬆弛

· 麵團壓平，鬆弛12小時（5℃）。

折疊裹入

· 麵團包油。
· 折疊，3折3次，折疊後冷凍鬆弛30分。

分割、整型

· 延壓至寬36cm×厚0.5cm。
· 切成12cm×12cm方形片（55g）鬆弛30分，放
　入U型模，放入巧克力棒。

最後發酵

· 室溫鬆弛30分，解凍回溫。
· 60分（發酵箱28℃，75%）。
· 室溫乾燥5-10分。
· 擠入杏仁奶油餡。

烘烤

· 烤14分（210℃／180℃）。
· 擠入卡士達餡，放上栗子，篩灑糖粉。

《 材料 》

▼ **麵團**（1853g）

麥典麵包專用粉…700g
低筋麵粉…300g
即溶咖啡粉…15g
細砂糖…150g
鹽…18g
新鮮酵母…40g
全蛋…100g
牛奶…100g
水…350g
羅亞發酵奶油…80g

▼ **折疊裹入**

卡多利亞片狀奶油…500g

▼ **夾層內餡**

杏仁奶油餡（P37）
巧克力棒1條（每個）

▼ **表面用**

香草卡士達餡（P36）
糖粉、栗子

───── 《 作法 》 ─────

事前準備

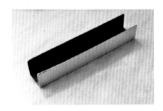

01 U型模。

▽

混合攪拌

02 將麵包專用粉、低筋麵粉、細砂糖、鹽、奶油、咖啡粉，放入攪拌缸中慢速攪拌混合均勻。

03 加入全蛋、牛奶、水攪拌成團後，加入新鮮酵母拌勻，再轉中速攪拌至表面光滑，約8分筋狀態（完成麵溫約25℃）。

▽

基本發酵

04 將麵團放入容器中，放置室溫基本發酵約30分鐘。

▽

冷藏鬆弛

05 用手拍壓麵團將氣體排出，壓平整成長方狀，放置塑膠袋中，冷藏（5℃）鬆弛約12小時。

▽

折疊裹入－包裹入油

06 將冷藏過咖啡麵團延壓薄成長方片，寬度相同，長度約為裹入油的2倍長。

07 將擀平的裹入油擺放咖啡麵團中間

08 並用擀麵棍在裹入油的兩側邊稍按壓出凹槽

09 將左右側麵團朝中間折疊，完全包覆住裹入油，但麵皮兩端盡量不重疊，並將接口處稍捏緊密合。

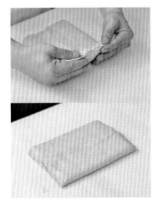

10 將上下兩側的開口處捏緊密合，完全包裹住奶油，避免空氣進入。

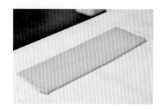

11 轉向，撒上高筋麵粉，以壓麵機延壓平整薄至成厚約0.8cm。

12 將左側1/3向內折疊。

13 再將右側1/3向內折疊，折疊成3折（完成第1次的3折作業／3折1次）。

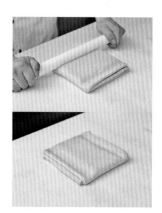

14 用擀麵棍輕按壓兩側的開口邊，讓麵團與奶油緊密貼合。

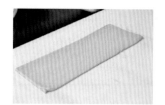

15 轉向，將麵團放置撒有高筋麵粉的檯面上，擀壓平整。

16 再將左側1/3向內折疊。

17 再將右側1/3向內折疊，折疊成3折（完成第2次的3折作業／3折2次）。

18 用擀麵棍輕按壓兩側的開口邊，讓麵團與奶油緊密貼合。

19 用塑膠袋包覆，冷凍鬆弛約30分鐘。

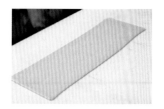

20 將麵團放置撒有高筋麵粉的檯面上，再延壓平整至成厚0.8cm。

21 將左側1/3向內折疊。

22 再將右側1/3向內折疊，折疊成3折（完成第3次的3折作業／3折3次）。

23 用擀麵棍輕按壓兩側的開口邊，讓麵團與奶油緊密貼合。

24 用塑膠袋包覆，冷凍鬆弛約30分鐘。

25　將麵團延壓平整、展開，先就麵團寬度壓至成寬約36cm。

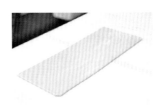

26　再轉向延壓平整出長度、厚度約0.5cm，對折後用塑膠袋包覆，冷凍鬆弛約30分鐘。

▽

分割

27　將麵團裁成寬12cm×厚0.5cm長片，3段對折疊起。

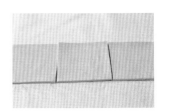

28　再裁切成長12cm×寬12cm正方形片（約55g），用塑膠袋包覆，冷藏鬆弛約30分鐘。

▽

整型、最後發酵

29　將方形片放置U型烤模中，對角外皮往外側翻平。

30　再放入巧克力棒，放置室溫30分鐘，待解凍回溫。

31　再放入發酵箱，最後發酵約60分鐘（溫度28℃，濕度75%），擠入杏仁奶油餡（25g）。

▽

烘烤、表面裝飾

32　放入烤箱，以上火210℃／下火180℃，烤約14分鐘，出爐，待冷卻。

33　表面擠上香草卡士達餡。

34　擺放上栗子。

35　篩灑糖粉裝飾。

酒釀無花果香頌

以葉形片的折疊麵皮，包覆酒漬無花果餡，
切割刀紋烘烤膨脹後，
形成漂亮的鏤空花紋，獨特絕美的造型丹麥。

類型——丹麥類，3×3×3
難易度——★★

基本工序

攪拌
· 所有材料慢速攪拌成團，加入新鮮酵母拌勻，
　轉中速攪拌至光滑8分筋。
· 攪拌完成溫度25℃。

▽

基本發酵
· 滾圓，基發30分。

冷藏鬆弛
· 麵團壓平，鬆弛12小時（5℃）。

▽

折疊裹入
· 麵團包油。
· 折疊，3折3次，折疊後冷凍鬆弛30分。

▽

分割、整型
· 延壓至0.5cm，鬆弛30分。
· 壓成葉形片，切割刀紋；以2片為組，包餡，
　覆蓋麵皮整型。

▽

最後發酵
· 室溫鬆弛30分，解凍回溫。
· 60分（發酵箱28℃，75%）。
· 室溫乾燥5-10分，刷蛋液。

▽

烘烤
· 烤14分（220℃／170℃）。
· 篩灑糖粉、刷果膠，用開心果點綴。

▼ **麵團**（1840g）

麥典法國粉…700g
麥典麵包專用粉…300g
奶粉…50g
細砂糖…100g
鹽…20g
新鮮酵母…40g
全蛋…150g
鮮奶油…150g
水…250g
羅亞發酵奶油…80g

▼ **折疊裹入**

卡多利亞片狀奶油…500g

▼ **內餡**

紅酒無花果餡

▼ **表面用**

蛋液、開心果碎、糖粉
果膠

《 作法 》

事前準備

01　葉形模框。

▽

麵團製作

02　參照「脆皮杏仁卡士達」P106-
　　109，作法3-7的製作方式，攪
　　拌、基本發酵、冷藏鬆弛，完成
　　麵團的製作。

▽

折疊裹入

03　參照「脆皮杏仁卡士達」，作法
　　8的折疊方式，將片狀奶油包裹
　　入麵團中。

04　參照「脆皮杏仁卡士達」，作法
　　9-20的折疊方式，完成3折3次
　　的折疊麵團。

05　將麵團延壓平整、展開，先就麵
　　團寬度壓至成寬約26cm。

06　再轉向延壓平整出長度、厚度約
　　0.5cm，對折後用塑膠袋包覆，
　　冷凍鬆弛約30分鐘。

▽

分割、整型、最後發酵

07　將麵團用葉形模框壓切出葉形麵
　　皮。

08　用塑膠袋覆蓋，冷藏鬆弛約30
　　分鐘。

09　將2葉形片為組。取一片在右側
　　邊斜劃3刀紋。

10　另一片鋪放紅酒無花果餡（約
　　30g）。

11　再覆蓋上切割花紋的麵皮。

12 沿著麵皮外圍先就前後端壓合。

13 再沿著側邊壓合。

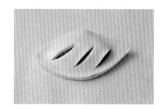

14 稍加整型。

15 放置室溫30分鐘，待解凍回溫。再放入發酵箱，最後發酵約60分鐘（溫度28℃，濕度75%）。

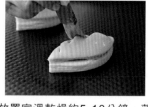

16 放置室溫乾燥約5-10分鐘，薄刷全蛋液。

▽

烘烤、表面裝飾

17 放入烤箱，以上火220℃／下火170℃，烤約14分鐘，出爐冷卻。

18 用糖粉篩灑在左側邊。

19 對側邊及外圍邊薄刷上果膠。

20 再放上開心果碎裝飾即可。

手 感 美 味

紅酒無花果餡

《 材料 》

無鹽奶油68g、低筋麵粉15g、細砂糖33g、杏仁粉68g、全蛋15g、肉桂粉10g、紅酒無花果270g

《 作法 》

① 將奶油、細砂糖先攪拌鬆發，加入過篩的低筋麵粉、杏仁粉、肉桂粉拌勻。

② 再分次慢慢加入全蛋拌勻至融合，加入紅酒無花果拌勻。

③ 將作法②分成約30g，整型成橢圓狀，冷藏備用即可。

粉雪藍莓酥塔

水果風味的丹麥，搭配香甜的卡士達餡烘烤成型，
清新酸味的莓果與柔滑香甜的內餡，相當的滑順香甜。

基本工序

攪拌
- 所有材料慢速攪拌成團，加入新鮮酵母拌勻，
  轉中速攪拌至光滑8分筋。
- 攪拌完成溫度25℃。

▽

基本發酵
- 滾圓，基發30分。

▽

冷藏鬆弛
- 麵團壓平，鬆弛12小時（5℃）。

▽

折疊裹入
- 麵團包油。
- 折疊，3折3次，折疊後冷凍鬆弛30分。

▽

分割、整型
- 延壓至0.5cm，鬆弛30分。
- 壓切成圓片，冷凍鬆弛15分，壓切中空圓片、
  組合，刷蛋液。

▽

最後發酵
- 室溫鬆弛30分，解凍回溫。
- 50分（發酵箱28℃，75%）。
- 刷蛋液，擠入卡士達餡。

▽

烘烤
- 烤10分（210℃／170℃）。
- 擠入卡士達餡，放上藍莓，刷果膠，灑上開心
  果碎。

類型——丹麥類，3×3×3　　**難易度**——★★

139

▼ **麵團**（1840g）

麥典法國粉…700g
麥典麵包專用粉…300g
奶粉…50g
細砂糖…100g
鹽…20g
新鮮酵母…40g
全蛋…150g
鮮奶油…150g
水…250g
羅亞發酵奶油…80g

▼ **折疊裹入**

卡多利亞片狀奶油…500g

▼ **夾層內餡**

香草卡士達（P36）

▼ **完成用**

藍莓、開心果、果膠

《 作法 》

事前準備

01　大小圓形6cm、4cm模框。

▽

麵團製作

02　參照「脆皮杏仁卡士達」P106-
　　109，作法3-7的製作方式，攪
　　拌、基本發酵、冷藏鬆弛，完成
　　麵團的製作。

▽

折疊裹入

03　參照「脆皮杏仁卡士達」，作法
　　8的折疊方式，將片狀奶油包裹
　　入麵團中。

04　參照「脆皮杏仁卡士達」，作法
　　9-20的折疊方式，完成3折3次
　　的折疊麵團。

05　將麵團延壓平整、展開，先就麵
　　團寬度壓至成寬約40cm。

06　再轉向延壓平整出長度、厚度約
　　0.5cm，對折後用塑膠袋包覆，
　　冷凍鬆弛約30分鐘。

分割、整型、最後發酵

07 用圓形模框（直徑6cm）壓出圓形片，包覆塑膠袋，冷凍鬆弛約10-15分鐘。

08 將2圓片為組，並將其中一片以圓形模框（直徑4cm）壓成中空環狀。

09 稍噴水霧再疊合。

10 表面薄刷蛋液，放置室溫30分鐘，待解凍回溫。

11 再放入發酵箱，最後發酵約50分鐘（溫度28℃，濕度75%）。

12 薄刷蛋液。

13 再擠上香草卡士達餡。

▽

烘烤、裝飾

14 放入烤箱，以上火210℃／下火170℃，烤約10分鐘，出爐。

15 待冷卻，填入香草卡士達餡。

16 放上藍莓粒。

17 最後薄刷果膠。

18 灑上開心果碎點綴即可。

凱旋火腿丹麥

27 層堆疊出香脆酥皮，
與極具香氣的火腿、起司與芥末籽醬，
烤得鬆脆的口感，
與別具香氣的火腿內餡配搭非常協調美味。

基本工序

攪拌
・所有材料慢速攪拌成團，加入新鮮酵母拌勻，
　轉中速攪拌至光滑8分筋。
・攪拌完成溫度25℃。

▽

基本發酵
・滾圓，基發30分。

▽

冷藏鬆弛
・麵團壓平，鬆弛12小時（5℃）。

▽

折疊裹入
・麵團包油。
・折疊，3折3次，折疊後冷凍鬆弛30分

▽

分割、整型
・延壓至0.4cm，切成8×24cm（約90g）。
・鬆弛30分，包餡，對折，切割刀口，彎折成
　型。

▽

最後發酵
・室溫鬆弛30分，解凍回溫。
・60分（發酵箱28℃，75%）。
・室溫乾燥5-10分。
・刷蛋液，撒上起司絲、美奶滋、黑胡椒。

▽

烘烤
・烤14分（220℃／170℃）。

類型 —— 丹麥類，3×3×3　　難易度 —— ★★

《 材料 》

▼ **麵團**（1840g）

麥典法國粉…700g
麥典麵包專用粉…300g
奶粉…50g
細砂糖…100g
鹽…20g
新鮮酵母…40g
全蛋…150g
鮮奶油…150g
水…250g
羅亞發酵奶油…80g

▼ **折疊裹入**

卡多利亞片狀奶油…500g

▼ **夾層內餡、表面**

火腿片、起司片、芥末籽醬
起司絲、美奶滋、黑胡椒

《 作法 》

麵團製作

01 參照「脆皮杏仁卡士達」P106-109，作法3-7的製作方式，攪拌、基本發酵、冷藏鬆弛，完成麵團的製作。

▽

折疊裹入

02 參照「脆皮杏仁卡士達」，作法8的折疊方式，將片狀奶油包裹入麵團中。

03 參照「脆皮杏仁卡士達」，作法9-20的折疊方式，完成3折3次的折疊麵團。

04 將麵團延壓平整、展開，先就麵團寬度壓至成寬約48cm。

05 再轉向延壓平整出長度、厚度約0.4cm，對折後用塑膠袋包覆，冷凍鬆弛約30分鐘。

▽

分割

06 將麵團裁成寬24cm×厚0.4cm長片，對折疊起。

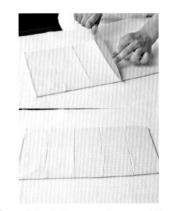

07 再裁切成寬8cm×高24cm（約90g），約切成18個，包覆塑膠袋，冷藏鬆弛約30分鐘。

▽

整型、最後發酵

08 將麵皮橫向擺放。

09 用擀麵棍在中央處輕按壓出凹痕。

10 在凹痕處擠上芥末籽醬。

11 鋪上對切火腿片。

12 再放上對切起司片。

13 再將麵皮拉起對折。

14 沿著接合口按壓。

15 再用擀麵棍輕擀壓密合。

POINT

以擀麵棍再擀壓密合的操作,可避免麵皮太厚按壓不緊烘烤中途爆開的情形。

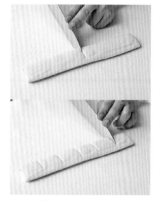

16 用刀相間隔切劃出5段(不切斷)。

17 將接合口邊朝內,彎折成圓型。

18 放置室溫30分鐘,待解凍回溫。

19 再放入發酵箱,最後發酵約60分鐘(溫度28℃,濕度75%),放置室溫乾燥約5-10分鐘

20 薄刷蛋液。

21 撒上起司絲。

22 擠上美奶滋。

23 再撒上黑胡椒。

烘烤

24 放入烤箱,以上火220℃/下火170℃,烤約14分鐘,出爐冷卻即可。

燻雞起司丹麥

外皮酥脆內層綿密，帶著鹹香滋味，
白醬起司與酥香的層次麵相當協調。

攪拌
· 所有材料慢速攪拌成團，加入新鮮酵母拌勻，
  轉中速攪拌至光滑8分筋。
· 攪拌完成溫度25℃。

基本發酵
· 滾圓，基發30分。

▽

冷藏鬆弛
· 麵團壓平，鬆弛12小時（5℃）。

▽

折疊裹入
· 麵團包油。
· 折疊，3折3次，折疊後冷凍鬆弛30分。

▽

分割、整型
· 延壓至0.5cm，切成12×12cm（約60g），鬆
  弛30分。
· 四角對折，放入圓模中。

▽

最後發酵
· 室溫鬆弛30分，解凍回溫。
· 60分（發酵箱28℃，75%）。
· 室溫乾燥5-10分。
· 刷蛋液，鋪放餡料。

▽

烘烤
· 烤15分（220℃／180℃）。
· 刷油，灑乾燥香蔥。

類型——丹麥類，3×3×3　　難易度——★★

《 材料 》

▼ **麵團**（1840g）

麥典法國粉…700g
麥典麵包專用粉…300g
奶粉…50g
細砂糖…100g
鹽…20g
新鮮酵母…40g
全蛋…150g
鮮奶油…150g
水…250g
羅亞發酵奶油…80g

▼ **折疊裏入**

卡多利亞片狀奶油…500g

▼ **內餡－白醬燻雞餡**

白醬…200g
燻雞…450g
洋蔥絲…100g
起司絲…150g

▼ **表面用**

橄欖油、乾燥香蔥

《 作法 》

事前準備

01　圓形模。

白醬燻雞餡

02　將所有的材料混合拌勻即可。

麵團製作

03　參照「脆皮杏仁卡士達」P106-109，作法3-7的製作方式，攪拌、基本發酵、冷藏鬆弛，完成麵團的製作。

折疊裏入

04　參照「脆皮杏仁卡士達」，作法8的折疊方式，將片狀奶油包裹入麵團中。

05　參照「脆皮杏仁卡士達」，作法9-20的折疊方式，完成3折3次的折疊麵團。

06　將麵團延壓平整、展開，先就麵團寬度壓至成寬約24cm。

07　再轉向延壓平整出長度、厚度約0.5cm，對折後用塑膠袋包覆，冷凍鬆弛約30分鐘。

分割、整型、最後發酵

08　將麵團裁成寬12cm×厚0.5cm長片，分切成兩片。

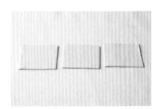

09　再裁切成寬12cm×長12cm正方形（約60g）。

10　切成30個，包覆塑膠袋，冷藏鬆弛約30分鐘。

11 將方形片的四邊就左右對角朝中間折起。

16 再放入發酵箱，最後發酵約60分鐘（溫度28℃，濕度75％）。

21 刷上橄欖油、灑上乾燥香蔥即可。

12 再就上下對角朝中間折起壓緊。

17 放置室溫乾燥約5-10分鐘，刷上蛋液。

13 折疊成型。

18 再稍按壓接合處，避免脹開。

14 將折疊好的麵皮，放置圓形模中。

19 中間處鋪放白醬燻雞（30g）。

▽

白醬

《材料》

無鹽奶油100g、低筋麵粉100g、鮮奶油150g、牛奶650g、鹽適量、黑胡椒適量

《作法》

① 將奶油加熱融化，加入低筋麵粉混合拌勻。
② 鮮奶油、牛奶拌勻，分次慢慢加入作法①中，邊拌邊煮至濃稠，加入鹽、黑胡椒調味即可。

15 放置室溫30分鐘，待解凍回溫。

烘烤

20 放入烤箱，以上火220℃／下火180℃，烤約15分鐘，出爐。

147

夏戀丹麥芒果

微酸香甜的芒果餡，盤繞著扭轉成條的丹麥麵皮，
酥鬆的表層，酸甜的芒果香氣，可可底層餅乾皮，
截然不同的組合，展現出魅力獨具的風味特色。

類型 —— 可頌類，3×2×3

難易度 —— ★★★

基本工序

攪拌
· 所有材料慢速攪拌成團，加入新鮮酵母拌勻，
  轉中速攪拌至光滑8分筋。
· 攪拌完成溫度25℃。

基本發酵
· 滾圓，基發30分。

冷藏鬆弛
· 麵團壓平，鬆弛12小時（5℃）。

折疊裹入
· 麵團包油。
· 折疊，3折1次、2折1次、3折1次，折疊後冷
  凍鬆弛30分。

分割、整型
· 延壓至0.5cm，切成1.5×35cm長條狀。
· 鬆弛30分，盤繞芒果餡外成型，放置餅皮塔模
  中。

最後發酵
· 室溫鬆弛30分，解凍回溫。
· 60分（發酵箱28℃，75%）。
· 室溫乾燥5-10分。
· 刷蛋液。

烘烤
· 烤13分（210℃／180℃）。
· 丹麥表面刷糖水，塔皮刷果膠，裝飾點綴。

《 材料 》

▼ **麵團**（1840g）

麥典法國粉⋯700g
麥典麵包專用粉⋯300g
奶粉⋯50g
細砂糖⋯100g
鹽⋯20g
新鮮酵母⋯40g
全蛋⋯150g
鮮奶油⋯150g
水⋯250g
羅亞發酵奶油⋯80g

▼ **折疊裹入**

卡多利亞片狀奶油⋯500g

▼ **夾層內餡**

芒果餡

▼ **巧克力餅乾體**

羅亞發酵奶油⋯160g
杏仁粉⋯80g
糖粉⋯80g
蛋黃⋯75g
低筋麵粉⋯185g
可可粉⋯42g
泡打粉⋯6g

《 作法 》

巧克力餅乾體

01 將奶油、糖粉攪拌鬆發，加入杏仁粉拌勻，分次加入蛋黃攪拌融合，加入過篩的可可粉、低筋麵、粉泡打粉混合攪拌均勻成團，放入塑膠袋中壓平冷藏。

02 將巧克力麵團分割成小團（約20g），滾圓後放入菊花塔模中。

03 沿著模邊均勻延展塑型。

混合攪拌

04 將麵包專用粉、法國粉、奶粉、細砂糖、鹽、奶油放入攪拌缸中慢速攪拌混合均勻。

05 加入全蛋、鮮奶油、水攪拌均勻成團，再加入新鮮酵母拌勻後，轉中速攪拌至表面光滑，約8分筋狀態（完成麵溫約25℃）。

基本發酵

06 將麵團放入容器中，放置室溫基本發酵約30分鐘。

冷藏鬆弛

07 用手拍壓麵團將氣體排出，壓平整成長方狀，放置塑膠袋中，冷藏（5℃）鬆弛約12小時。

折疊裹入

08 參照「法式經典可頌」P45-49，作法6-13的折疊方式，將片狀奶油包裹入麵團中。以壓麵機延壓平整薄至厚約0.8cm。

09 參照「法式經典可頌」作法14-26的折疊方式，完成3折1次、2折1次、3折1次的折疊麵團。

10 將麵團延壓平整、展開，先就麵團寬度壓至成寬約35cm。

11 再轉向延壓平整出長度、厚度約0.5cm，對折後用塑膠袋包覆，冷凍鬆弛約30分鐘。

12 將麵團裁成寬35cm×厚0.5cm
長片，左右側邊切除。再裁成寬
1.5cm長條狀（約30g），覆蓋
塑膠袋冷藏鬆弛約30分鐘。

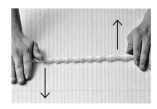

13 將長條片以平行交錯的方式搓
動，成扭轉紋的長條。

14 再揉整均勻。

15 稍捲緊。

16 將芒果餡（約30g）滾圓。

17 並將麵皮一端以牙籤插置固定。

18 再順著中心由上而下盤繞至底。

19 收口於底。

20 放入菊花塔模中。

21 放置室溫30分鐘，待解凍回溫。

22 再放入發酵箱，最後發酵約60分
鐘（溫度28℃，濕度75%）。

23 放置室溫乾燥約5-10分鐘，薄
刷全蛋液。

24 放入烤箱，以上火210℃／下火
180℃，烤約13分鐘即可。

25 出爐脫模。

26　在表面塗刷上糖水（P82）。

27　在餅皮花邊塗刷果膠。

28　撒上開心果碎點綴。

29　中間放上酒漬櫻桃。

30　以金箔點綴。

芒果餡

《材料》

杏仁粉100g、細砂糖60g、低筋麵粉100g、蛋50g、無鹽奶油100g、芒果乾150g

《作法》

將奶油及砂糖攪拌鬆發，加入蛋液拌至融合，加入低筋麵粉、杏仁粉混合拌勻，再加入芒果乾拌勻，分成每個30g，滾圓備用。

3

鬆軟綿密
大理石麵包

Marble Bread

將麵團折疊捲入大理石片，讓大理石片均勻的融合麵團中，
口感香甜的折疊麵團。因其切面雙色交雜的花紋，
就像大理石的層層相疊的紋路故而得名（又稱大理石）。
本質上雖然不同於可頌、丹麥麵包的類型，
但將麵團折疊捲入大理石片，反覆折疊的製法，
則與可頌、丹麥異曲同工。有各式各樣的類型與造型，
口感柔軟、內餡口味多樣化。

大理石麵團的基本製作

本單元將就適用於本書大理石麵團的直接種法、中種種法、液種種法,等基本麵種的製作介紹。

基本的發酵種法,可用於麵團中的風味變化。

大理石麵團

（直接法）

適用 — 大理石類麵包

材料

麵團（1964g）

A
┌ 麥典麵包專用粉…850g
│ 低筋麵粉…150g
│ 鹽…14g
│ 細砂糖…210g
│ 奶粉…30g
└ 高糖酵母…10g

B
┌ 水…350g
└ 蛋…200g

C ‐ 羅亞發酵奶油…150g

混合攪拌

01　材料Ⓐ先混勻,加入水、蛋慢速拌勻成團,以中速攪拌。

02　待攪拌至7分筋,加入奶油先慢速攪拌。

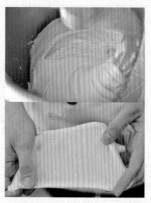

03　再轉中速攪拌至表面成光滑,約8分筋狀態（完成麵溫約25℃）。

攪拌完成狀態,可拉出均勻薄膜、筋度彈性。

基本發酵

04　將麵團分割成1950g,整理成圓滑狀態,放置室溫基本發酵約30分鐘。

冷藏鬆弛

05　用手拍壓麵團將氣體排出。

06　壓平整成長方狀,放置塑膠袋中,冷藏（5℃）鬆弛約12小時。

大理石麵團

（中種法）

適用 ── 大理石類麵包

材料

中種麵團（852g）

麥典麵包專用粉…500g
水…350g
高糖酵母…2g

主麵團（1112g）

A
麥典麵包專用粉…350g
低筋麵粉…150g
鹽…14g
細砂糖…210g
奶粉…30g
高糖酵母…8g
全蛋…200g

B ─ 羅亞發酵奶油…150g

中種麵團

01 將中種麵團所有材料以慢速
攪拌均勻成團約6分鐘。

02 將麵團覆蓋保鮮膜，室溫基
本發酵約30分鐘，再移置冷
藏（約5℃）發酵12小時。

混合攪拌─主麵團

03 將中種麵團、材料Ⓐ以慢速
攪拌均勻成團，再轉中速攪
拌至麵筋形成約7分筋。

04 再加入奶油以慢速攪拌均
勻。

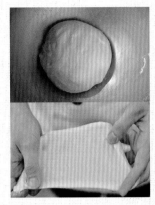

05 再轉中速攪拌至表面成光
滑，約8分筋狀態（完成麵
溫約25℃）。

攪拌完成狀態，可拉出均勻薄膜、筋
度彈性。

基本發酵

06 將麵團分割成1950g，整理
成圓滑狀態，放置室溫基本
發酵約30分鐘。

冷藏鬆弛

07 用手拍壓麵團將氣體排出，
壓平整成長方狀，放置塑膠
袋中，冷藏鬆弛約1小時。

大理石麵團

（液種法）

適用—大理石類麵包

材料

麵團（415g）

麥典麵包專用粉…200g
鹽…5g
水…200g
高糖酵母…10g

主麵團（1549g）

麥典麵包專用粉…650g
低筋麵粉…150g
A 鹽…9g
細砂糖…210g
奶粉…30g
全蛋…200g
水…150g

B – 羅亞發酵奶油…150g

液種

01　將高糖酵母、水放入容器中攪拌融解後，加入麵包專用粉、鹽攪拌混合均勻（麵溫約26℃）。

02　將攪拌好的作法①覆蓋保鮮膜，室溫基本發酵約3小時。

混合攪拌－主麵團

03　將液種、材料Ⓐ以慢速攪拌均勻成團。

04　再轉中速攪拌至麵筋形成約7分筋。

05　加入奶油以慢速攪拌均勻。

06　再轉中速攪拌至表面成光滑，約8分筋狀態（完成麵溫約25℃）。

基本發酵

07　將麵團分割成1950g，整理成圓滑狀態，放置室溫基本發酵約30分鐘。

冷藏鬆弛

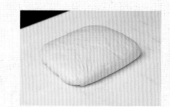

08　用手拍壓麵團將氣體排出，壓平整成長方狀，放置塑膠袋中，冷藏（5℃）鬆弛約12小時。

檸檬羅斯巧克力卷

雙色大理石麵團，纏繞螺管整型成
有型的螺旋奶油筒造型。
黑白彩紋分明相間，宛如大理石般紋理相當的美麗。

攪拌
· 將材料Ⓐ先混合，加入材料Ⓑ慢速攪拌成團，中
  速待攪拌至7分筋，加入奶油慢速攪拌後，轉中速
  攪拌至光滑8分筋。
· 攪拌完成溫度25℃。

▽

基本發酵
· 麵團分割1460g、490g；
· 將490g加入可可粉、水揉成可可麵團，滾圓，基
  發30分。

▽

冷藏鬆弛
· 麵團壓平，鬆弛12小時（5℃）。

▽

折疊裹入
· 麵團包裹大理石片。
· 折疊。4折1次，折疊後冷凍鬆弛30分。

▽

分割、整型
· 延壓至寬25cm×厚1cm，切成長25cm×寬
  1.5cm長條形（約70g）。
· 繞螺管整型。

▽

最後發酵
· 室溫鬆弛30分，解凍回溫。
· 60分（發酵箱28℃，75%），室溫乾燥5-10分。

▽

烘烤
· 烤10分（210℃／170℃）。
· 擠入檸檬乳酪餡，塗刷果膠、灑上覆盆子碎。

類型──大理石類，**4折1次**，披覆外層黑皮
難易度──★★★

▼ **麵團**（1988g）

A
- 麥典麵包專用粉…850g
- 低筋麵粉…150g
- 鹽…14g
- 細砂糖…210g
- 奶粉…30g
- 高糖酵母…10g

B
- 水…350g
- 蛋…200g

C – 羅亞發酵奶油…150g

D
- 可可粉…12g
- 水…12g

▼ **折疊裹入**

大理石巧克力片…500g

▼ **夾層內餡**

檸檬乳酪餡

▼ **表面用**

果膠、覆盆子碎

《 作法 》

事前準備

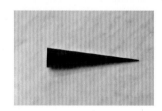

01　錐形螺管。

▽

麵團製作

02　參照「黑爵Q心牛角」P160-
　　163，作法1-4的製作方式攪拌
　　麵團至約8分筋狀態。

03　取出麵團，切取麵團1460g、
　　490g二份；將其中麵團（490g）
　　加入材料Ⓓ揉和均勻，即成可可
　　麵團。

04　將麵團進行基本發酵、冷藏鬆
　　弛，完成原色、可可麵團的製
　　作。

▽

大理石巧克力片

05　參照「大理石巧克力片」P27的
　　製作方式完成。以擀麵棍擀壓平
　　整成25cm×18cm片狀，冷藏
　　備用。

▽

折疊裹入

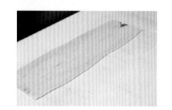

06　參照「黑爵Q心牛角」，作法
　　6-11的折疊方式，將大理石巧克
　　力片包裹入麵團中。以壓麵機延
　　壓平整薄至成厚約0.5cm的長片
　　狀。

07　參照「黑爵Q心牛角」，作法
　　12-15的折疊方式，完成4折1次
　　的折疊麵團。

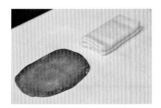

08　另將可可外皮麵團，擀壓延展成
　　稍大於折疊麵團的大小片狀。

09　再將作法⑧的可可外皮覆蓋在折
　　疊麵團上。

10　沿著四邊稍加捏緊貼合。

11　用塑膠袋包覆，冷凍鬆弛約30
　　分鐘。

12　將麵團延壓平整、展開，先就麵
　　團寬度壓至成寬25cm。再轉
　　向延壓平整出長、厚度約1cm，
　　整型完成後，包覆塑膠袋，冷凍
　　鬆弛約30分鐘。

分割、整型、最後發酵

13　將麵團量測出長25cm×寬1.5cm記號，再分割裁切成長條形（約70g）。

14　將條狀麵團以左右呈平行交錯揉動，整形出扭轉紋路。

15　再彎折順勢的整成麻花狀。

16　將一端固定於螺管尖端處。

17　沿著螺管纏繞至圓寬底處。

18　收口於置於底。

19　排列放置烤盤上，放置室溫30分鐘，待解凍回溫。

20　再放入發酵箱，最後發酵約60分鐘（溫度28℃，濕度75%），放置室溫乾燥約5-10分鐘。

烘烤、擠餡

21　放入烤箱，以上火210℃／下火170℃，烤約10分鐘即可，出爐、脫模。

22　將檸檬乳酪餡填入空心處。

23　表面塗刷果膠、灑上覆盆子碎即可。

手感美味

檸檬乳酪餡

《材料》

牛奶500g、香草棒1支、細砂糖100g、蛋黃120g、煉乳30g、低筋麵粉40g、奶油40g、奶油乳酪600g、檸檬汁40g、檸檬皮1個

《作法》

① 香草棒剖開，刮取香草籽，再連同香草棒與牛奶加熱煮沸。
② 將細砂糖、蛋黃、煉乳、麵粉混合拌勻。
③ 將作法①邊拌邊沖入到作法②中，再拌煮至沸騰。
④ 加入奶油拌勻至融化，過篩冷藏待冷卻。再加入奶油乳酪、檸檬汁、檸檬皮屑拌勻即可。

黑爵 Q 心牛角

層疊的大理石折疊麵團，包藏著香甜 Q 彈的黑糖麻糬，
紋理色澤分明，氣味濃醇香甜，帶有層疊紋理的大理石牛角。

基本工序

攪拌
- 將材料Ⓐ先混合，加入材料Ⓑ慢速攪拌成團，
  中速待攪拌至7分筋，加入奶油慢速攪拌後，
  轉中速攪拌至光滑8分筋。
- 攪拌完成溫度25℃。

▽

基本發酵
- 麵團分割1460g、490g；
- 將490g加入可可粉、水揉成可可麵團，滾
  圓，基發30分。

▽

冷藏鬆弛
- 麵團壓平，鬆弛12小時（5℃）。

▽

折疊裹入
- 麵團包裹大理石片。
- 折疊。4折1次，折疊後冷凍鬆弛30分。

▽

分割、整型
- 延壓至寬36cm×厚0.5cm，鬆弛30分。
- 裁切成長16cm×寬8cm三角形（約45g）。
- 包入黑糖麻糬，整型成直型可頌。

▽

最後發酵
- 室溫鬆弛30分，解凍回溫。
- 60分（發酵箱28℃，75%）。
- 室溫乾燥5-10分。

▽

烘烤
- 刷蛋液，灑珍珠糖。
- 烤9分（210℃／170℃）。

類型 —— 大理石類，4折1次，披覆外層黑皮

難易度 —— ★★★

《材料》

▼ **麵團**（1988g）

A
- 麥典麵包專用粉…850g
- 低筋麵粉…150g
- 鹽…14g
- 細砂糖…210g
- 奶粉…30g
- 高糖酵母…10g

B
- 水…350g
- 蛋…200g

C - 羅亞發酵奶油…150g

D
- 可可粉…12g
- 水…12g

▼ **折疊裹入**

大理石巧克力片…500g

▼ **夾層內餡**

黑糖麻糬…20g（每個）

▼ **表面用**

蛋液、珍珠糖

《作法》

混合攪拌

01　材料Ⓐ先混合拌勻，加入材料Ⓑ慢速攪拌均勻成團，以中速攪拌。

02　待攪拌至7分筋，加入奶油先慢速攪拌，再轉中速攪拌至表面成光滑，約8分筋狀態（完成麵溫約25℃）。

▽

基本發酵

03　將麵團分割成1460g、490g；再將麵團（490g）加入材料Ⓓ揉拌均勻，做成可可麵團，放置室溫基本發酵約30分鐘。

▽

冷藏鬆弛

04　用手拍壓麵團將氣體排出，壓平整成長方狀，放置塑膠袋中，冷藏（5℃）鬆弛約12小時。

▽

大理石巧克力片

05　參照「大理石巧克力片」P27的製作方式完成。以擀麵棍擀壓平整成25cm×18cm片狀，冷藏備用。

折疊裹入

06　將冷藏麵團稍壓平後，延壓平成36cm×25cm片狀（配合大理石片的尺寸），寬度相同，長度約為大理石片的2倍長。

07　將巧克力大理石片擺放麵團中間（左右麵團長度相同）。

08　用擀麵棍在大理石片的兩側邊稍按壓出凹槽。

09　將左右側麵團朝中間折疊，完全包覆住大理石片，但麵皮兩端盡量不重疊。

10　將接口處稍捏緊密合，確實包裹住大理石片。並將上下兩側的開口處捏緊密合，完全包裹住，避免巧克力溢出。

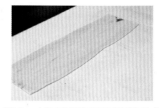

11　轉向，以壓麵機延壓平整薄至成厚約0.5cm的長片狀。

12　用切麵刀將兩側邊切除。將一側3/4向內折疊。

13　再將另一側1/4向內折疊，折疊成型。

14 再對折，折疊成4折（完成4折1次作業）。

15 用擀麵棍輕按壓兩側的開口邊，並將氣泡擀出，讓麵團與大理石片緊密貼合。

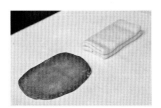

16 另將可可外皮麵團，擀壓延展成稍大於折疊麵團的大小片狀。

17 再將作法⑯的可可外皮覆蓋在折疊麵團上。

18 沿著四邊稍加捏緊貼合。

19 用塑膠袋包覆，冷凍鬆弛約30分鐘。

20 將麵團延壓平整、展開，先就麵團寬度壓至成寬約32cm。再轉向延壓平整出長、厚度約0.5cm，整型完成後，包覆塑膠袋，冷凍弛約30分鐘。

▽

分割、整型、最後發酵

21 將大理石麵團裁切成寬16cm後將兩等份麵皮疊起，量測出底邊8cm×高16cm三角形記號，分割裁切成三角形（約45g）。

22 將三角片翻面，白色麵皮朝上，在底邊處鋪上黑糖麻糬（約20g）。

23 將底邊外側朝內稍折，再由外朝內側延展般捲起，尾端壓至底下方，成直型可頌，並稍按壓。

24 將整型完成麵團尾端朝下，排列放置烤盤上，放置室溫30分鐘，待解凍回溫。

25 再放入發酵箱，最後發酵約60分鐘（溫度28℃，濕度75%）。放置室溫乾燥約5-10分鐘，表面薄刷蛋液，灑上珍珠糖。

▽

烘烤

26 放入烤箱，以上火210℃／下火170℃，烤約9分鐘即可，出爐。

巧克力雲石吐司

表層黑白相間的旋渦紋路，
是雲石吐司的一大特色，
質地綿密鬆軟，層層堆疊的美妙滋味，
風味口感特別。

類型 ─ 大理石類，4折1次

難易度 ─ ★★

基本工序

攪拌
· 將材料Ⓐ先混合，加入材料Ⓑ慢速攪拌成團，
　中速待攪拌至7分筋，加入奶油慢速攪拌後，
　轉中速攪拌至光滑8分筋。
· 攪拌完成溫度25℃。

▽

基本發酵
· 麵團分割1950g，滾圓，基發30分。

▽

冷藏鬆弛
· 麵團壓平，鬆弛12小時（5℃）。

▽

折疊裹入
· 麵團包裹大理石片。
· 折疊。4折1次，折疊後冷凍鬆弛30分。

▽

分割、整型
· 延壓至寬25cm×厚0.5cm，捲成圓筒狀，鬆
　弛30分。
· 切段(約320g)後，分切3截，放入吐司模。

▽

最後發酵
· 室溫鬆弛30分，解凍回溫。
· 90分（發酵箱28℃，75%）。
· 室溫乾燥5-10分，刷蛋液。

▽

烘烤
· 烤28分（180℃／220℃）。
· 薄刷糖水。

▼ **麵團**（1964g）

A
- 麥典麵包專用粉…850g
- 低筋麵粉…150g
- 鹽…14g
- 細砂糖…210g
- 奶粉…30g
- 高糖酵母…10g

B
- 水…350g
- 蛋…200g

C - 羅亞發酵奶油…150g

▼ **折疊裹入**

大理石巧克力片…500g

▼ **表面用**

蛋液、糖水（P82）

《 作法 》

事前準備

01 8兩吐司模。

▽

混合攪拌

02 材料Ⓐ先混合拌勻。

03 加入水、蛋慢速攪拌均勻成團，以中速攪拌。

04 待攪拌至7分筋，加入奶油先慢速攪拌。

05 再轉中速攪拌至表面成光滑，約8分筋狀態（完成麵溫約25℃）。

▽

基本發酵

06 將麵團分割成1950g，放置室溫基本發酵約30分鐘。

▽

冷藏鬆弛

07 用手拍壓麵團將氣體排出。

08 壓平整成長方狀，放置塑膠袋中，冷藏（5℃）鬆弛約12小時。

▽

大理石巧克力片

09 參照「大理石巧克力片」P27的製作方式完成。以擀麵棍擀壓平整成25cm×18cm片狀，冷藏備用。

▽

折疊裹入－大理石片

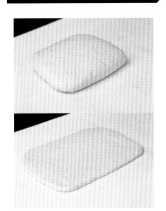

10 將冷藏麵團稍壓平後，延壓平成36cm×25cm片狀，寬度相同，長度約大理石片的2倍長。

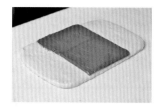

11 將巧克力大理石片擺放麵團中間。

12 用擀麵棍在大理石片的兩側邊稍按壓出凹槽。

13 將左右側麵團朝中間折疊，完全包覆住大理石片，但麵皮兩端盡量不重疊。

14 將接口處稍捏緊密合，確實包裹住大理石片。並將上下兩側的開口處捏緊密合，使其不外露。

15 完全包裹住大理石片，避免巧克力溢出。

16 轉向，以壓麵機延壓平整薄至成厚約0.5cm的長片狀。

折疊裹入─4折1次

17 用切麵刀將兩側邊切除。將右側3/4向內折疊。

18 再將左側1/4向內折疊，折疊成型。

19 再對折，折疊成4折（完成4折1次作業）。

20 用擀麵棍輕按壓兩側的開口邊，並將氣泡擀出，讓麵團與大理石片緊密貼合

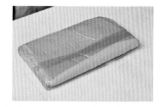

21 用塑膠袋包覆，冷凍鬆弛約30分鐘。

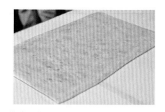

22 將麵團延壓平整、展開，先就麵團寬度壓至成寬約25cm。再轉向延壓平整出長度、厚度約0.5cm即可。用塑膠袋包覆，冷凍鬆弛約30分鐘。

分割、整型、最後發酵

23 將大理石麵團由外而內順勢捲起。

24 預留底部延展開（幫助黏合）。

25 收合口置於底，成圓筒狀。

26 用塑膠袋包覆，冷凍鬆弛約30
分鐘。

27 將麵團相隔11cm分切成段（約
320g）。

28 再將每段分切成三小段（前後端
稍短、中間稍長）。

29 將麵團切口斷面朝上，平放於吐
司模中，放置室溫30分鐘，待
解凍回溫。

30 再放入發酵箱，最後發酵約90分
鐘（溫度28℃，濕度75%）。

31 待發酵至約8分滿，放置室溫
乾燥約5-10分鐘，表面薄刷蛋
液。

烘烤、表面裝飾

32 放入烤箱，以上火180℃／下火
220℃，烤約28分鐘即可，出
爐，薄刷糖水即可。

榛果雲石巧克力

麵團捲入巧克力與榛果醬，
斷面成形的年輪狀紋路，分明有層次，
表層白色珍珠糖的裝點，
增添香甜與酥脆的層次口感。

類型 —— 大理石類，4折1次

難易度 —— ★★

基本工序

攪拌
· 將材料Ⓐ先混合，加入材料Ⓑ慢速攪拌成團，
　中速待攪拌至7分筋，加入奶油慢速攪拌後，
　轉中速攪拌至光滑8分筋。
· 攪拌完成溫度25℃。

基本發酵
· 麵團分割1950g，滾圓，基發30分。

冷藏鬆弛
· 麵團壓平，鬆弛12小時（5℃）。

折疊裹入
· 麵團包裹大理石片。
· 折疊。4折1次，折疊後冷凍鬆弛30分。

分割、整型
· 延壓至寬30cm×厚0.5cm，抹上內餡、灑上
　水滴巧克力，對折，鬆弛30分。
· 切段(約320g)後，彎折整型，放入吐司模。

最後發酵
· 室溫鬆弛30分，解凍回溫。
· 90分（發酵箱28℃，75%）。
· 室溫乾燥5-10分。

烘烤
· 刷全蛋液，灑上珍珠糖。
· 烤32分（180℃／220℃）。
· 薄刷糖水，篩灑糖粉。

《 材料 》

▼ **麵團**（1964g）

A
- 麥典麵包專用粉…850g
- 低筋麵粉…150g
- 鹽…14g
- 細砂糖…210g
- 奶粉…30g
- 高糖酵母…10g

B
- 水…350g
- 蛋…200g

C - 羅亞發酵奶油…150g

▼ **折疊裹入**

大理石巧克力片…500g

▼ **夾餡**

榛果卡士達餡（P186）…375g
水滴巧克力…225g

▼ **表面用**

蛋液、珍珠糖、糖粉、
糖水（P82）

《 作法 》

事前準備

01　8兩吐司模。

▽

麵團製作

02　參照「巧克力雲石吐司」P164-167，作法2-8的製作方式，攪拌、基本發酵、冷藏鬆弛，完成麵團的製作。

▽

大理石巧克力片

03　參照「大理石巧克力片」P27的製作方式完成。以擀麵棍擀壓平整成25cm×18cm片狀，冷藏備用。

▽

折疊裹入

04　參照「巧克力雲石吐司」，作法10-16的折疊方式，將大理石巧克力片包裹入麵團中。以壓麵機延壓平整薄至成厚約0.5cm的長片狀。

05　參照「巧克力雲石吐司」，作法17-21的折疊方式，完成4折1次的折疊麵團。

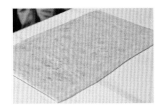

06　將麵團延壓平整、展開，先就麵團寬度壓至成寬約30cm。再轉向延壓平整出長度約60cm、厚度約0.5cm。用塑膠袋包覆，冷凍鬆弛約30分鐘。

分割、整型、最後發酵

07　將麵團均勻抹上榛果卡士達餡（375g）（參見P186，焦糖榛果羅浮）。

08　並在1/2處均勻鋪上水滴巧克力（225g）。

09　再對折貼合，稍按壓平整。

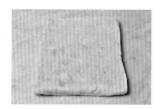

10　包覆塑膠袋，冷凍鬆弛約30分鐘。

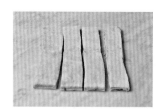

11　將作法⑩麵團分切成寬11cm（約320g）。

12　斷面朝上，連續做S曲線彎折。

13　再以傾斜的角度放入模型中，成階梯式形狀，放置室溫30分鐘，待解凍回溫。

14　再放入發酵箱，最後發酵約90分鐘（溫度28℃，濕度75%）。

15　待發酵至約8分滿，放置室溫乾燥約5-10分鐘，表面薄刷全蛋液。

16　再灑上珍珠糖。

烘烤、表面裝飾

17　放入烤箱，以上火180℃／下火220℃，烤約32分鐘即可，出爐。

18　表面薄刷糖水即可。

19　將側邊篩灑上糖粉即可。

大理石杏仁花圈

折疊成猶如大理石美麗花紋的圓環狀，
像極了美麗的花環，
表面擠上杏仁奶油餡，灑上杏仁片，
潤澤柔軟，相當美味！

類型 —— 大理石類，4折1次，披覆外層白皮

難易度 —— ★★

基本工序

攪拌
- 將材料Ⓐ先混合，加入材料Ⓑ慢速攪拌成團，中速待攪拌至7分筋，加入奶油慢速攪拌後，轉中速攪拌至光滑8分筋。
- 攪拌完成溫度25℃。

基本發酵
- 麵團分割1460g、490g，滾圓，基發30分。

▽

冷藏鬆弛
- 麵團壓平，鬆弛12小時（5℃）。

▽

折疊裹入
- 麵團包裹大理石片。
- 折疊。4折1次，折疊後冷凍鬆弛30分。

▽

分割、整型
- 延壓至寬25cm×厚1cm，鬆弛30分。
- 切割成25 cm×1.5cm長條狀，彎折成環形。

▽

最後發酵
- 室溫鬆弛30分，解凍回溫。
- 60分（發酵箱28℃，75%）。
- 室溫乾燥5-10分，擠上杏仁餡及杏仁片。

▽

烘烤
- 烤10分（210℃／170℃）。

《 材料 》

▼ **麵團**（1964g）

A
- 麥典麵包專用粉…850g
- 低筋麵粉…150g
- 鹽…14g
- 細砂糖…210g
- 奶粉…30g
- 高糖酵母…10g

B
- 水…350g
- 蛋…200g

C - 羅亞發酵奶油…150g

▼ **折疊裹入**

大理石巧克力片…500g

▼ **表面用**

杏仁奶油餡（P37）
杏仁片

《 作法 》

麵團製作

01　參照「巧克力雲石吐司」P164-167，作法2-8的製作方式攪拌麵團至約8分筋狀態。

02　將麵團分割成1460g、490g；進行基本發酵、冷藏鬆弛，完成麵團的製作。

▽

大理石巧克力片

03　參照「大理石巧克力片」P27的製作方式完成。以擀麵棍擀壓平整成25cm×18cm片狀，冷藏備用。

▽

折疊裹入－大理石片

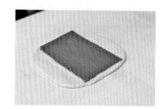

04　將冷藏麵團稍壓平後，延壓平成36cm×25cm片狀，中間擺放大理石片。

05　用擀麵棍在大理石片的兩側邊稍按壓出凹槽。

06　將左右側麵團朝中間折疊，完全包覆住大理石片，但麵皮兩端盡量不重疊。

07　將接口處稍捏緊密合，確實包裹住大理石片。並將上下兩側的開口處捏緊密合，使其不外露，完全包裹住大理石片。

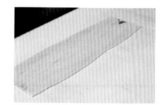

08　轉向，以壓麵機延壓平整薄至成厚約0.5cm的長片狀。

▽

折疊裹入－4折1次

09　用切麵刀將兩側邊切除。將一側3/4向內折疊。

10　再將另一側1/4向內折疊，折疊成型。

11　再對折，折疊成4折（完成4折1次作業）。

12 用擀麵棍輕按壓兩側的開口邊，並將氣泡擀出，讓麵團與大理石片緊密貼合。

13 另將外皮麵團（490g），擀壓延展成稍大於折疊麵團的大小片狀。

POINT
外皮麵團的重量約為麵團總重量的1/4。

14 再將擀好的外皮麵團覆蓋在折疊麵團上。

15 沿著四邊稍加捏緊貼合，用塑膠袋包覆，冷凍鬆弛30分鐘。

16 將麵團延壓平整、展開，先就麵團寬度壓至成寬約25cm。再轉向延壓平整出長度、厚度約1cm。用塑膠袋包覆，冷凍鬆弛約30分鐘。

分割、整型、最後發酵

17 麵團量測出長25cm×寬1.5cm。

18 再分割裁切成長條形（75g）。

19 將長條片以平行交錯的方式搓動，成扭轉紋的長條。

20 再揉整均勻稍捲緊。

21 頭尾端接合成圓形花圈狀。

22 放置室溫30分鐘，待解凍回溫。再放入發酵箱，最後發酵約60分鐘（溫度28℃，濕度75%），再放置室溫乾燥約5-10分鐘。

23 在接縫處擠上杏仁餡（15g）。

24 灑上杏仁片裝飾。

烘烤

25 放入烤箱，以上火210℃／下火170℃，烤約10分鐘即可，出爐。

莓果艾克蕾亞

大理石麵團包覆草莓餡，整型成纖細指形泡芙，
表層披覆巧克力，
再用覆盆子點綴，口感與滋味特別。

類型——大理石類，4折1次，披覆外層白皮

難易度——★★★

基本工序

攪拌
- 將材料Ⓐ先混合，加入材料Ⓑ慢速攪拌成團，
  中速待攪拌至7分筋，加入奶油慢速攪拌後，
  轉中速攪拌至光滑8分筋。
- 攪拌完成溫度25℃。

▽

基本發酵
- 麵團分割1460g、490g，滾圓，基發30分。

▽

冷藏鬆弛
- 麵團壓平，鬆弛12小時（5℃）。

▽

折疊裹入
- 麵團包裹大理石片。
- 折疊。4折1次，折疊後冷凍鬆弛30分。

▽

分割、整型
- 延壓至寬24cm×厚0.5cm，鬆弛30分。
- 裁成12cm×6cm片狀，兩側按壓，中間擠草
  莓餡，捲長條。

▽

最後發酵
- 室溫鬆弛30分，解凍回溫。
- 60分（發酵箱28℃，75%）。
- 室溫乾燥5-10分，刷蛋液，撒杏仁角。

▽

烘烤
- 烤10分（220℃／180℃）。
- 沾巧克力，撒覆盆子碎。

《 材料 》

▼ **麵團**（1964g）

A
- 麥典麵包專用粉…850g
- 低筋麵粉…150g
- 鹽…14g
- 細砂糖…210g
- 奶粉…30g
- 高糖酵母…10g

B
- 水…350g
- 蛋…200g

C - 羅亞發酵奶油…150g

▼ **折疊裹入**

大理石巧克力片…500g

▼ **夾層內餡**

草莓餡

▼ **完成用**

全蛋液、杏仁角
苦甜巧克力、覆盆子碎

《 作法 》

麵團製作

01 參照「巧克力雲石吐司」P164-167，作法2-8的製作方式攪拌麵團至約8分筋狀態。

02 將麵團分割成1460g、490g；進行基本發酵、冷藏鬆弛，完成麵團的製作。

▽

大理石巧克力片

03 參照「大理石巧克力片」P27的製作方式完成。以擀麵棍擀壓平整成25cm×18cm片狀，冷藏備用。

▽

折疊裹入

04 參照「大理石杏仁花圈」作法4-8的折疊方式，將大理石巧克力片包裹入麵團中。以壓麵機延壓平整薄至成厚約0.5cm的長片狀。

05 參照「大理石杏仁花圈」作法9-12的折疊方式，完成4折1次的折疊麵團。

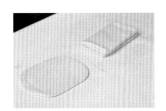

06 另將外皮麵團（490g），擀壓延展成稍大於折疊麵團的大小片狀。

POINT

外皮麵團的重量約為麵團總重量的1/4。

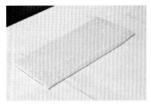

07 再將作法⑥的外皮覆蓋在折疊麵團上，沿著四邊稍加捏緊貼合，冷凍鬆弛30分鐘。

08 將麵團延壓平整、展開，先就麵團寬度壓至成寬約24cm。再轉向延壓平整出長、厚度約0.5cm。用塑膠袋包覆，冷凍鬆弛約30分鐘。

▽

分割、整型、最後發酵

09 將麵團量測出長12cm，二片疊合後，再切成寬6cm長方形（約45g）。

10 用擀麵棍輕按壓兩側長邊，壓出淺凹槽。

11 在形成的中間凹槽處，放入草莓餡（15g）。

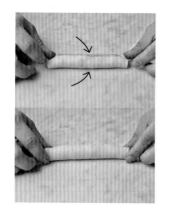

12 再將兩側順勢上下包捲成圓柱型。

13 收口朝底，放置室溫30分鐘，待解凍回溫。

14 再放入發酵箱，最後發酵約60分鐘（溫度28℃，濕度75%），放置室溫乾燥約5-10分鐘。

15 在表面刷上全蛋液。

16 撒上杏仁角。

▽

烘烤、表面裝飾

17 放入烤箱，以上火220℃／下火180℃，烤約10分鐘即可，出爐。

18 將巧克力隔水融化。

19 表面沾裹上巧克力。

20 趁巧克力尚未凝固再用盆子碎點綴即可。

手感美味

草莓餡

《材料》

草莓乾250g、草莓果泥50g、細砂糖25g、水50g

《作法》

① 草莓乾切成小塊。

② 將果泥、砂糖、水拌煮融化沸騰，加入草莓乾拌煮至濃稠狀即可。

皇家維也納

柔軟香甜的麵包體，夾層香甜化口乳酪餡，
表層切割的紋路，
展現內裡的層次堆疊，美妙的滋味。

類型 —— 大理石類，4折1次，披覆外層黑皮

難易度 —— ★★★

基本工序

攪拌
- 將材料Ⓐ先混合，加入材料Ⓑ慢速攪拌成團，中速待攪拌至7分筋，加入奶油慢速攪拌後，轉中速攪拌至光滑8分筋。
- 攪拌完成溫度25℃。

▽

基本發酵
- 麵團分割1460g、490g。
- 將490g加入可可粉、水揉成可可麵團，滾圓，基發30分。

冷藏鬆弛
- 麵團壓平，鬆弛12小時（5℃）。

▽

折疊裹入
- 麵團包裹大理石片。
- 折疊。4折1次，折疊後冷凍鬆弛30分。

▽

分割、整型
- 延壓至寬24cm×厚0.5cm。
- 切成長12cm×寬6cm捲成長條形，表面切割4-5切痕。

最後發酵
- 室溫鬆弛30分，解凍回溫。
- 60分（發酵箱28℃，75%），室溫乾燥5-10分。

▽

烘烤
- 烤10分（220℃／170℃）。
- 塗刷糖水，橫剖切開擠上桔香乳酪餡。

▼ **麵團**（1988g）

A
麥典麵包專用粉…850g
低筋麵粉…150g
鹽…14g
細砂糖…210g
奶粉…30g
高糖酵母…10g

B
水…350g
蛋…200g

C － 羅亞發酵奶油…150g

D
可可粉12g
水12g

▼ **折疊裹入**

大理石巧克力片…500g

▼ **夾層內餡**

桔香乳酪餡

▼ **表面用**

糖水（P82）

──────《 作法 》──────

麵團製作

01　參照「黑爵Q心牛角」P160-163，作法1-4的製作方式攪拌麵團至約8分筋狀態。

02　取出麵團，切取麵團1460g、490g二份；將其中麵團（490g）加入材料Ⓓ揉和均勻，即成可可麵團。

03　將麵團進行基本發酵、冷藏鬆弛，完成原色、可可麵團的製作。

大理石巧克力片

04　參照「大理石巧克力片」P27的製作方式完成。以擀麵棍擀壓平整成25cm×18cm片狀，冷藏備用。

折疊裹入

05　參照「黑爵Q心牛角」，作法6-11的折疊方式，將大理石巧克力片包裹入麵團中。以壓麵機延壓平整薄至成厚約0.5cm的長片狀。

06　參照「黑爵Q心牛角」，作法12-15的折疊方式，完成4折1次的折疊麵團。

07　另將可可外皮麵團，擀壓延展成稍大於折疊麵團的大小片狀。

08　再將作法⑦的可可外皮覆蓋在折疊麵團上。

09　沿著四邊稍加捏緊貼合。

10　用塑膠袋包覆，冷凍鬆弛約30分鐘。

11　將麵團延壓平整、展開，先就麵團寬度壓至成寬約24cm。再轉向延壓平整出長、厚度約0.5cm，包覆塑膠袋，冷凍鬆弛約30分鐘。

16 放置室溫30分鐘，待解凍回溫。

17 放入發酵箱，最後發酵約60分鐘（溫度28℃，濕度75%），再放置室溫乾燥約5-10分鐘。

▽

18 放入烤箱，以上火220℃／下火170℃，烤約10分鐘即可，出爐。

19 表面薄刷糖水。

19 再橫剖麵包，擠上桔香乳酪餡（約45g）即可。

手感美味

桔香乳酪餡

《材料》

牛奶500g、香草莢1支、細砂糖100g、蛋黃120g、煉乳30g、低筋麵粉40g、奶油40g、奶油乳酪600g、檸檬汁40g、橘皮絲150g

《作法》

① 香草棒剖開刮取香草籽，再連同香草棒與牛奶加熱煮沸。

② 將細砂糖、蛋黃、煉乳混合拌勻，再邊拌邊沖入作法①，拌煮至沸騰。

③ 加入奶油拌勻至融化，過篩冷藏待冷卻，加入奶油乳酪、檸檬汁、橘皮絲拌勻即可。

12 將麵團分割成寬12cm成兩等份，重疊合起，裁切成長12cm×寬6cm長方片狀。

13 在底部長側邊稍按壓延展開（幫助黏合）。

14 再由前端往下捲起成圓柱型，收口於底。

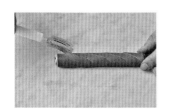

15 用切割刀在表面劃上4-5刀。

夏朵芒果黛莉斯

麵團層裡的芒果酸香與香甜巧克力，絕美的平衡口感，
表層擠上杏仁奶油，不論口感或視覺，展現獨具的特色魅力。

基本工序

攪拌
· 將材料Ⓐ先混合，加入材料Ⓑ慢速攪拌成團，
  中速待攪拌至7分筋，加入奶油慢速攪拌後，
  轉中速攪拌至光滑8分筋。
· 攪拌完成溫度25℃。

基本發酵
· 麵團分割1460g、490g，滾圓，基發30分。

▽

冷藏鬆弛
· 麵團壓平，鬆弛12小時（5℃）。

▽

折疊裹入
· 麵團包裹大理石片。
· 折疊。4折1次，折疊後冷凍鬆弛30分。

▽

分割、整型
· 延壓至寬30cm×厚1cm，切成1cm丁狀。
· 將丁狀麵團與浸漬芒果餡料拌勻，放入模型
  （約100g）。

最後發酵
· 室溫鬆弛30分，解凍回溫。
· 60分（發酵箱28℃，75%）。
· 室溫乾燥5-10分，擠上杏仁奶油餡。

▽

烘烤
· 壓蓋烤盤，烤12分（180℃／220℃）。
· 對側邊分別篩灑糖粉、可可粉。

類型——大理石類，4折1次，披覆外層白皮　　難易度——★★★

《 材料 》

▼ **麵團**（1980g）

A
- 麥典麵包專用粉…850g
- 低筋麵粉…150g
- 鹽…14g
- 細砂糖…210g
- 奶粉…30g
- 高糖酵母…10g

B
- 水…350g
- 蛋…200g

C - 羅亞發酵奶油…150g

▼ **折疊裹入**

大理石巧克力片…500g

▼ **夾層內餡**

浸漬芒果乾…375g
水滴巧克力…375g
蜂蜜…100g

▼ **表面用**

杏仁奶油餡（P37）
糖粉、翻糖花

《 作法 》

事前準備

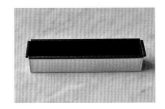

01 長條模。

▽

麵團製作

02 參照「巧克力雲石吐司」P164-167，作法2-8的製作方式攪拌麵團至約8分筋狀態。

---

03 將麵團分割成1460g、490g；進行基本發酵、冷藏鬆弛，完成麵團的製作。

▽

大理石巧克力片

04 參照「大理石巧克力片」P27的製作方式完成。以擀麵棍擀壓平整成25cm×18cm片狀，冷藏備用。

▽

折疊裹入

05 參照「大理石杏仁花圈」P171-173，作法4-8的折疊方式，將大理石巧克力片包裹入麵團中。以壓麵機延壓平整薄至成厚約0.5cm的長片狀。

06 參照「大理石杏仁花圈」作法9-12的折疊方式，完成4折1次的折疊麵團。

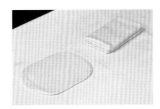

07 另將外皮麵團（490g），擀壓延展成稍大於折疊麵團的大小片狀。

08 再將作法⑦的外皮麵團覆蓋在折疊麵團上，沿著四邊稍加捏緊貼合，冷凍鬆弛約30分鐘。

09 將麵團延壓平整、展開，先就麵團寬度壓至成寬約30cm。再轉向延壓平整出長、厚度約1cm，用塑膠袋包覆，冷凍鬆弛約30分鐘。

▽

分割、整型、最後發酵

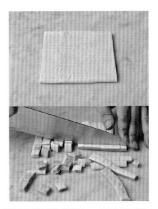

10 將麵團裁切成寬1cm細長條狀，再切成1cm大小的丁狀。

11 將浸漬芒果乾，加入水滴巧克力、蜂蜜拌勻。

12 加入切丁大理石麵團混合拌勻。

13 將拌勻的作法⑫裝入長條模（約100g），放置室溫30分鐘，待解凍回溫。

14 再放入發酵箱，最後發酵約60分鐘（溫度28℃，濕度75%）。

15 待發酵至約8分滿，放置室溫乾燥約5-10分鐘，表面擠上杏仁奶油餡。

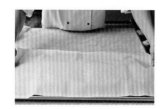

16 表面鋪放上烤焙紙。

17 壓蓋上烤盤。

烘烤、表面裝飾

18 放入烤箱，以上火180℃／下火220℃，烤約12分鐘即可，出爐。

19 脫模。

20 冷卻後，將表面朝下（杏仁餡面朝下），再將表面篩灑上糖粉，右側斜角篩灑上可可粉，放上翻糖花點綴。

手 感 美 味

浸漬芒果乾

《 **材料** 》
芒果乾430g、芒果果泥70g

《 **作法** 》
將芒果泥煮至融化，加入芒果乾混合拌勻即可。

歐夏蕾覆盆子巧克力

巧克力的苦甜，微酸甜的果乾，與大理石風味極為相襯；
以西式點心別具特色的手法營造，更添細緻華麗的印象。

基本工序

攪拌
· 將材料Ⓐ先混合，加入材料Ⓑ慢速攪拌成團，
　中速待攪拌至7分筋，加入奶油慢速攪拌後，
　轉中速攪拌至光滑8分筋。
· 攪拌完成溫度25℃。

▽

基本發酵
· 麵團分割1460g、490g，滾圓，基發30分。

▽

冷藏鬆弛
· 麵團壓平，鬆弛12小時（5℃）。

▽

折疊裹入
· 麵團包裹大理石片。
· 折疊。4折1次，折疊後冷凍鬆弛30分。

▽

分割、整型
· 延壓至寬30cm×厚0.5cm，裁長片，鋪放蔓
　越莓乾、水滴巧克力捲成圓筒狀。
· 切段(50g)後，放入圓形模框。

▽

最後發酵
· 室溫鬆弛30分，解凍回溫。
· 60分（發酵箱28℃，75%）。
· 室溫乾燥5-10分。

▽

烘烤
· 壓蓋烤盤，烤8分（210℃／170℃）。
· 刷果膠，沾椰子粉，擠上果醬。

類型 — 大理石類，4折1次，披覆外層白皮　　難易度 — ★★★

《 材料 》

▼ **麵團**（1964g）

A
- 麥典麵包專用粉…850g
- 低筋麵粉…150g
- 鹽…14g
- 細砂糖…210g
- 奶粉…30g
- 高糖酵母…10g

B
- 水…350g
- 蛋…200g

C - 羅亞發酵奶油…150g

▼ **折疊裹入**

大理石巧克力片…500g

▼ **夾層內餡**

水滴巧克力…375g
蔓越莓乾…375g

▼ **完成用**

果膠、椰子粉、覆盆子醬（P38）
薄荷葉

《 作法 》

事前準備

01　6寸圓形模框。

▽

麵團製作

02　參照「巧克力雲石吐司」P164-167，作法2-8的製作方式攪拌麵團至約8分筋狀態。

03　將麵團分割成1460g、490g；進行基本發酵、冷藏鬆弛，完成麵團的製作。

▽

大理石巧克力片

04　參照「大理石巧克力片」P27的製作方式完成。以擀麵棍擀壓平整成25cm×18cm片狀，冷藏備用。

折疊裹入

05　參照「大理石杏仁花圈」P171-173，作法4-8的折疊方式，將大理石巧克力片包裹入麵團中。以壓麵機延壓平整薄至成厚約0.5cm的長片狀。

06　參照「大理石杏仁花圈」作法9-12的折疊方式，完成4折1次的折疊麵團。

07　另將外皮麵團（490g），擀壓延展成稍大於折疊麵團的大小片狀。

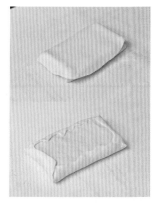

08　再將擀好的外皮麵團覆蓋在折疊麵團上，沿著四邊稍加捏緊貼合，包覆冷凍鬆弛約30分鐘。

09　將麵團延壓平整、展開，先就麵團寬度壓至成寬約30cm。再轉向延壓平整出長、厚度約0.5cm。用塑膠袋包覆，冷凍鬆弛約30分鐘。

▽

分割、整型、最後發酵

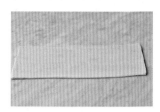

10　將麵團裁切成長30cm長片狀。

11　在表面鋪滿蔓越莓乾。

12 水滴巧克力。

13 用擀麵棍輕按壓擀平。

14 再由長側邊往下順勢捲起。

15 收口於底,成圓柱狀,包覆冷凍鬆弛約30分鐘。

16 將麵團分切成小段(約50g)。

17 分別放入圓形模框中,放置室溫30分鐘,待解凍回溫。

18 再放入發酵箱,最後發酵約60分鐘(溫度28℃,濕度75%)。

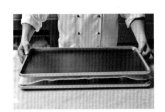

19 待發酵至約8分滿,再放置室溫乾燥約5-10分鐘,鋪放烤焙紙、再壓蓋烤盤。

烘烤、表面裝飾

20 放入烤箱,以上火210℃／下火170℃,烤約8分鐘即可,出爐、脫模。

21 頂部外圍0.5cm刷上果膠。

22 沾上椰子粉。

23 中間擠上覆盆子醬,用薄荷葉點綴即可。

焦糖榛果羅浮

將大理石麵團整型成三角狀，展現其外觀的獨特性，
再以香氣濃郁的榛果卡士達餡為塗層餡，
不論造型或口感都相當特別。

基本工序

攪拌
- 將材料Ⓐ先混合，加入材料Ⓑ慢速攪拌成
  團，中速待攪拌至7分筋，加入奶油慢速攪
  拌後，轉中速攪拌至光滑8分筋。
- 攪拌完成溫度25℃。

▽

基本發酵
- 麵團分割1460g、490g。
- 將490g加入可可粉、水揉成可可麵團，滾
  圓，基發30分。

冷藏鬆弛
- 麵團壓平，鬆弛12小時（5℃）。

▽

折疊裹入
- 麵團包裹大理石片。
- 折疊。4折1次，折疊後冷凍鬆弛30分。

分割、整型
- 延壓至寬24cm×厚0.5cm。
- 切成長8cm×寬8cm菱形片，表面切劃5斜
  刀。

▽

最後發酵
- 室溫鬆弛30分，解凍回溫。
- 60分（發酵箱28℃，75%），室溫乾燥5-10
  分。

▽

烘烤
- 烤10分（220℃／180℃）。
- 對切，抹餡，對折成三角；兩側邊塗餡，沾
  裹脆片，金箔點綴。

類型——大理石類，4折1次，披覆外層黑皮
難易度——★★★

《 材料 》

▼ **麵團**（1988g）

A
- 麥典麵包專用粉…850g
- 低筋麵粉…150g
- 鹽…14g
- 細砂糖…210g
- 奶粉…30g
- 高糖酵母…10g

B
- 水…350g
- 蛋…200g

C － 羅亞發酵奶油…150g

D
- 可可粉…12g
- 水…12g

▼ **折疊裹入**

大理石巧克力片…500g

▼ **夾層內餡**

榛果卡士達餡

▼ **表面用**

可可巴芮脆片、金箔

《 作法 》

麵團製作

01　參照「黑爵Q心牛角」P160-163，作法1-4的製作方式攪拌麵團至約8分筋狀態。

02　取出麵團，切取麵團1460g、490g二份；將其中麵團（490g）加入材料Ⓓ揉和均勻，即成可可麵團。

03　將麵團進行基本發酵、冷藏鬆弛，完成原色、可可麵團的製作。

大理石巧克力片

04　參照「大理石巧克力片」P27的製作方式完成。以擀麵棍擀壓平整成25cm×18cm片狀，冷藏備用。

折疊裹入

05　參照「黑爵Q心牛角」，作法6-11的折疊方式，將大理石巧克力片包裹入麵團中。以壓麵機延壓平整薄至成厚約0.5cm的長片狀。

06　參照「黑爵Q心牛角」，作法12-15的折疊方式，完成4折1次的折疊麵團。

07　另將可可外皮麵團，擀壓延展成稍大於折疊麵團的大小片狀。

08　再將作法⑦的可可外皮覆蓋在折疊麵團上。

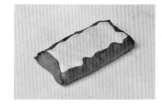

09　沿著四邊稍加捏緊貼合。

10　用塑膠袋包覆，冷凍鬆弛約30分鐘。

11　將麵團延壓平整、展開，先就麵團寬度壓至成寬約24cm。再轉向延壓平整出長、厚度約0.5cm，整型完成後，包覆塑膠袋，冷凍鬆弛約30分鐘。

▽

分割、整型、最後發酵

12 將麵團分割成寬8cm，再裁切成8×8cm菱形。

13 用小刀在表面劃上5刀，放置室溫30分鐘，待解凍回溫。

14 再放入發酵箱，最後發酵約60分鐘（溫度28℃，濕度75%），再放置室溫乾燥約5-10分鐘。

▽

烘烤、表面裝飾

15 放入烤箱，以上火220℃／下火180℃，烤約10分鐘即可，出爐。

16 將作法⑮對切成二片三角片。

17 抹上一層榛果卡士達餡。

18 再疊合成三角片。

19 將外圍兩側邊再抹上榛果卡士達餡。

20 再沾裹上可可巴芮脆片，用金箔裝飾即可。

21 完成造型裝飾。

手 感 美 味

榛果卡士達餡

《材料》

牛奶500g、香草莢 1支、細砂糖100g、蛋黃120g、煉乳30g、低筋麵粉40g、奶油40g、榛果醬150g

《作法》

① 香草莢橫剖開，刮取香草籽，連同香草莢與牛奶加熱煮沸。

② 細砂糖、蛋黃、煉乳、低筋麵粉攪拌混合均勻。

③ 待作法①煮沸，再沖入到作法②中拌勻，再邊拌邊煮至沸騰，離火。

④ 再加入奶油拌勻至融化，過篩後冷藏，待冷卻加入榛果醬拌勻即可。

莓粒果圓舞曲

在大理石麵團上按壓出凹槽，放置上卡士達餡，
烤後再擠上內餡，層層堆疊色澤艷麗的莓果，
有別一般麵包的精緻風味。

類型 —— 大理石類，4折1次，披覆外層黑皮

難易度 —— ★★★

基本工序

攪拌
· 將材料Ⓐ先混合，加入材料Ⓑ慢速攪拌成團，中
　速待攪拌至7分筋，加入奶油慢速攪拌後，轉中速
　攪拌至光滑8分筋。
· 攪拌完成溫度25℃。

基本發酵
· 麵團分割1460g、490g。
· 將490g加入可可粉、水揉成可可麵團，滾圓，基
　發30分。

冷藏鬆弛
· 麵團壓平，鬆弛12小時（5℃）。

折疊裹入
· 麵團包裹大理石片。
· 折疊。4折1次，折疊後冷凍鬆弛30分。

分割、整型
· 延壓至寬25cm×厚0.5cm，壓切圓形片。

最後發酵
· 室溫鬆弛30分，解凍回溫。
· 60分（發酵箱28℃，75%），室溫乾燥5-10分。
· 壓出圓槽，擠上卡士達餡。

烘烤
· 烤8分（210℃／170℃）。
· 篩糖粉，擠上卡士達餡，擺放莓果，點上果膠。

《 材料 》

▼ 麵團（1988g）

A
- 麥典麵包專用粉…850g
- 低筋麵粉…150g
- 鹽…14g
- 細砂糖…210g
- 奶粉…30g
- 高糖酵母…10g

B
- 水…350g
- 蛋…200g

C – 羅亞發酵奶油…150g

D
- 可可粉…12g
- 水…12g

▼ 折疊裹入

大理石巧克力片…500g

▼ 完成用

香草卡士達餡（P36）
藍莓粒、覆盆子、果膠

──── 《 作法 》 ────

事前準備

01　6.5cm圓形模框。

▽

麵團製作

02　參照「黑爵Q心牛角」P160-163，作法1-4的製作方式攪拌麵團至約8分筋狀態。

03　取出麵團，切取麵團1460g、490g二份；將其中麵團（490g）加入材料Ⓓ揉和均勻，即成可可麵團。

04　將麵團進行基本發酵、冷藏鬆弛，完成原色、可可麵團的製作。

▽

大理石巧克力片

05　參照「大理石巧克力片」P27的製作方式完成。以擀麵棍擀壓平整成25cm×18cm片狀，冷藏備用。

▽

折疊裹入

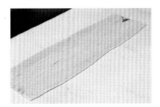

06　參照「黑爵Q心牛角」，作法6-11的折疊方式，將大理石巧克力片包裹入麵團中。以壓麵機延壓平整薄至成厚約0.5cm的長片狀。

07　參照「黑爵Q心牛角」，作法12-15的折疊方式，完成4折1次的折疊麵團。

08　另將可可外皮麵團，擀壓延展成稍大於折疊麵團的大小片狀。

09　再將作法⑧的可可外皮覆蓋在折疊麵團上。

10　沿著四邊稍加捏緊貼合。

11　用塑膠袋包覆，冷凍鬆弛約30分鐘。

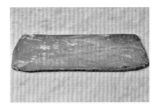

12　將麵團延壓平整、展開，先就麵團寬度壓至成寬約25cm。再轉向延壓平整出長、厚度約0.5cm，整型完成後，包覆塑膠袋，冷凍鬆弛約30分鐘。

▽

分割、整型、最後發酵

13 用圓形模在麵團上壓切出圓片狀。

14 放置室溫30分鐘，待解凍回溫。再放入發酵箱，最後發酵約60分鐘（溫度28℃，濕度75%），放置室溫乾燥約5-10分鐘。

15 將手指沾少許水在中心處按壓出圓形凹槽。

16 並在凹槽中擠入香草卡士達餡。

▽

烘烤、表面裝飾

17 放入烤箱，以上火210℃／下火170℃，烤約8分鐘即可，出爐。

18 表面外圍篩灑上糖粉。

19 圓心處擠上香草卡士達餡。

20 順著內餡由底部排放一層覆盆子。

21 再擺放一層藍莓，頂部放上覆盆子。

22 用果膠裝飾點綴即可。

192

藍莓乳酪巧克力

雙色麵團表面切劃刻紋，刷上糖水凸顯出亮澤感，
藍莓與奶油乳酪形成恰到好處的香甜滋味，
極具奢華的質感。

基本工序

攪拌
- 將材料Ⓐ先混合，加入材料Ⓑ慢速攪拌成團，中速待攪拌至7分筋，加入奶油慢速攪拌後，轉中速攪拌至光滑8分筋。
- 攪拌完成溫度25℃。

▽

基本發酵
- 麵團分割1460g、490g。
- 將490g加入可可粉、水揉成可可麵團，滾圓，基發30分。

▽

冷藏鬆弛
- 麵團壓平，鬆弛12小時（5℃）。

▽

折疊裹入
- 麵團包裹大理石片。
- 折疊。4折1次，折疊後冷凍鬆弛30分。

▽

分割、整型
- 延壓至寬28cm×厚1cm，切成長14cm×寬8cm長片。
- 中間抹上內餡，上下對折，表面劃紋整型。

▽

最後發酵
- 室溫鬆弛30分，解凍回溫。
- 60分（發酵箱28℃，75%），室溫乾燥5-10分。

▽

烘烤
- 烤12分（220℃／180℃）。
- 塗刷糖水，擠入檸檬糖霜，灑上開心果碎。

類型 —— 大理石類，4折1次，披覆外層黑皮　　難易度 —— ★★★

《材料》

▼ 麵團（1988g）

A	麥典麵包專用粉…850g 低筋麵粉…150g 鹽…14g 細砂糖…210g 奶粉…30g 高糖酵母…10g
B	水…350g 蛋…200g
C	羅亞發酵奶油…150g
D	可可粉…12g 水…12g

▼ 折疊裹入

大理石巧克力片…500g

▼ 夾層內餡－藍莓乳酪餡

奶油乳酪…700g
冷凍藍莓粒…100g
蔓越莓乾…100g

▼ 表面用

糖水、檸檬糖霜（P57）
開心果碎

《作法》

藍莓乳酪餡

01 將奶油乳酪攪拌至軟化，加入其他材料混合拌勻。

▽

麵團製作

02 參照「黑爵Q心牛角」P160-163，作法1-4的製作方式攪拌麵團至約8分筋狀態。

03 取出麵團，切取麵團1460g、490g二份；將其中麵團（490g）加入材料D揉和均勻，即成可可麵團。

04 將麵團進行基本發酵、冷藏鬆弛，完成原色、可可麵團的製作。

▽

大理石巧克力片

05 參照「大理石巧克力片」P27的製作方式完成。以擀麵棍擀壓平整成25cm×18cm片狀，冷藏備用。

▽

折疊裹入

06 參照「黑爵Q心牛角」，作法6-11的折疊方式，將大理石巧克力片包裹入麵團中。以壓麵機延壓平整薄至成厚約0.5cm的長片狀。

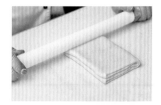

07 參照「黑爵Q心牛角」，作法12-15的折疊方式，完成4折1次的折疊麵團。

08 另將可可外皮麵團，擀壓延展成稍大於折疊麵團的大小片狀。

09 再將作法⑧的可可外皮覆蓋在折疊麵團上。

10 沿著四邊稍加捏緊貼合。

11 用塑膠袋包覆，冷凍鬆弛約30分鐘。

12　將麵團延壓平整、展開，先就麵團寬度壓至成寬約28cm。再轉向延壓平整出長、厚度約1cm，整型完成後，包覆塑膠袋，冷凍鬆弛約30分鐘。

▽

分割、整型、最後發酵

13　將麵團裁切成為14cm×8cm長方形。

14　在裁切好的麵團中間抹上藍莓乳酪餡（20g）。

15　再分別將上下兩端往中間折起。

16　上端麵團稍覆蓋重疊下端。

17　翻面收口朝下。

18　用刀在表面等間距斜劃切紋。

19　放置室溫30分鐘待解凍回溫。

20　再放入發酵箱，最後發酵約60分鐘（溫度28℃，濕度75%），放置室溫乾燥約5-10分鐘。

烘烤、表面裝飾

21　放入烤箱，以上火220℃／下火180℃，烤約12分鐘即可，出爐，刷上糖水。

22　在另1/3處淋上檸檬糖霜，放上開心果點綴即可。

金莎巧克力華爾滋

在溫潤香甜的麵團上，覆蓋餅乾體，擠上墨西哥可可麵糊，
表面形成的獨特層次與香甜酥脆的口感，為其為迷人的魅力所在。

類型──大理石類，4折1次，披覆外層白皮

難易度──★★

基本工序

攪拌
· 將材料Ⓐ先混合，加入材料Ⓑ慢速攪拌成團，
　中速待攪拌至7分筋，加入奶油慢速攪拌後，
　轉中速攪拌至光滑8分筋。
· 攪拌完成溫度25℃。

▽

基本發酵
· 麵團分割1460g、490g，滾圓，基發30分。

▽

冷藏鬆弛
· 麵團壓平，鬆弛12小時（5℃）。

▽

折疊裹入
· 麵團包裹大理石片。
· 折疊。4折1次，折疊後冷凍鬆弛30分。

分割、整型
· 延壓至寬25cm×厚0.5cm，捲成圓筒狀，鬆
　弛30分。
· 切段(約40g)後，切面朝上靠放烤盤邊。

▽

最後發酵
· 室溫鬆弛30分，解凍回溫。
· 60分（發酵箱28℃，75%），室溫乾燥5-10
　分。
· 刷全蛋液，沾巧克力餅乾屑，擠上墨西哥可可
　麵糊。

▽

烘烤
· 烤10分（210℃／170℃）。
· 篩灑糖粉。

《 材料 》

▼ **麵團**（1964g）

A
- 麥典麵包專用粉⋯850g
- 低筋麵粉⋯150g
- 鹽⋯14g
- 細砂糖⋯210g
- 奶粉⋯30g
- 高糖酵母⋯10g

B
- 水⋯350g
- 蛋⋯200g

C - 羅亞發酵奶油⋯150g

▼ **折疊裹入**

大理石巧克力片⋯500g

▼ **表面用**

墨西哥巧克力麵糊

A
- 羅亞發酵奶油⋯200g
- 糖粉⋯200g
- 蛋⋯170g
- 低筋麵粉⋯180g
- 可可粉⋯20g

B - 巧克力餅乾體（P148）

《 作法 》

墨西哥可可麵糊

01　將奶油、糖粉先攪拌均勻，分次加入蛋液拌至融合，加入可可粉、低筋麵粉混合拌勻即可。

02　巧克力餅乾體的製作，參見P148夏戀丹麥芒果。用上下火150℃，烤約14分鐘。

▽

麵團製作

03　參照「巧克力雲石吐司」P164-167，作法2-8的製作方式攪拌麵團至約8分筋狀態。

04　將麵團分割成1460g、490g；進行基本發酵、冷藏鬆弛，完成麵團的製作。

▽

大理石巧克力片

05　參照「大理石巧克力片」P27的製作方式完成。以擀麵棍擀壓平整成25cm×18cm片狀，冷藏備用。

▽

折疊裹入

06　參照「大理石杏仁花圈」P171-173，作法4-8的折疊方式，將大理石巧克力片包裹入麵團中。以壓麵機延壓平整薄至成厚約0.5cm的長片狀。

07　參照「大理石杏仁花圈」作法9-12的折疊方式，完成4折1次的折疊麵團。

08　另將外皮麵團（490g），擀壓延展成稍大於折疊麵團的大小片狀。

POINT

外皮麵團的重量約為麵團總重量的1/4。

09　再將擀好的外皮麵團覆蓋在折疊麵團上，沿著四邊稍加捏緊貼合，冷凍鬆弛約30分鐘。

10　將麵團延壓平整、展開，先就麵團寬度壓至成寬約25cm。再轉向延壓平整出長、厚度約0.5cm。

分割、整型、最後發酵

11　將麵團整片攤展開，底部稍按壓延展開，幫助黏合。

12　再從前端往下順勢捲起至底，成圓筒狀。冷凍鬆弛約30分鐘。

13　將麵團分切成1.5cm小段（約40g）。

14　切面朝上平置斜靠在烤盤邊，放置室溫30分鐘，待解凍回溫。

POINT

將麵團靠置在烤盤邊的目的，是為維持外觀形狀；避免麵團在發酵後，接合口分離、變形破壞外型。

15　再放入發酵箱，最後發酵約60分鐘（溫度28℃，濕度75%），放置室溫乾燥約5-10分鐘。

16　在表面塗刷全蛋液。

17　裹上巧克力餅乾屑。

18　再擠上墨西哥可可麵糊。

烘烤、表面裝飾

19　放入烤箱，以上火210℃／下火170℃，烤約10分鐘即可，出爐，冷卻後，篩灑糖粉即可。

咕格洛夫大理石

以呈雙色的大理石麵團，交織編結塑整成立體狀，
每個切面都帶獨特波浪的花紋，
混著濃濃可可香氣，相當美味迷人。

基本工序

攪拌
· 將材料Ⓐ先混合，加入材料Ⓑ慢速攪拌成團，中
速待攪拌至7分筋，加入奶油慢速攪拌後，轉中速
攪拌至光滑8分筋。
· 攪拌完成溫度25℃。

▽

基本發酵
· 麵團分割1460g、490g，滾圓，基發30分。

▽

冷藏鬆弛
· 麵團壓平，鬆弛12小時（5℃）。

▽

折疊裹入
· 麵團包裹大理石片。
· 折疊。4折1次，折疊後冷凍鬆弛30分。

▽

分割、整型
· 延壓至寬30cm×厚0.7cm。
· 切段6cm（220g）後，對切，編結，捲成圓筒狀，
放入模型。

▽

最後發酵
· 室溫鬆弛30分，解凍回溫。
· 90分（發酵箱28℃，75%），室溫乾燥5-10分。

▽

烘烤
· 壓蓋烤盤，烤22分（180℃／220℃）。
· 塗果膠，沾杏仁粒，篩糖粉，擠果醬裝飾。

類型 ── 大理石類，4折1次，披覆外層黑皮　　　**難易度** ── ★★

《 材料 》

▼ 麵團（1964g）

A
┌ 麥典麵包專用粉…850g
│ 低筋麵粉…150g
│ 鹽…14g
│ 細砂糖…210g
│ 奶粉…30g
└ 高糖酵母…10g

B
┌ 水…350g
└ 蛋…200g

C ─ 羅亞發酵奶油…150g

▼ 折疊裹入

大理石巧克力片…500g

▼ 表面用

覆盆子果醬（P38）
開心果碎、果膠、糖粉
杏仁粒

《 作法 》

事前準備

01　花形模型。

▽

麵團製作

02　參照「巧克力雲石吐司」P164-167，作法2-8的製作方式攪拌麵團至約8分筋狀態。

03　將麵團分割成1460g、490g；進行基本發酵、冷藏鬆弛，完成麵團的製作。

▽

大理石巧克力片

04　參照「大理石巧克力片」P27的製作方式完成。以擀麵棍擀壓平整成25cm×18cm片狀，冷藏備用。

▽

折疊裹入

05　參照「大理石杏仁花圈」P171-173，作法4-8的折疊方式，將大理石巧克力片包裹入麵團中。以壓麵機延壓平整薄至成厚約0.5cm的長片狀。

06　參照「大理石杏仁花圈」作法9-12的折疊方式，完成4折1次的折疊麵團。

07　另將外皮麵團（490g），擀壓延展成稍大於折疊麵團的大小片狀。

POINT

外皮麵團的重量約為麵團總重量的1/4。

08　再將作法⑦的外皮覆蓋在折疊麵團上，沿著四邊稍加捏緊貼合，冷凍鬆弛約30分鐘。

09　將麵團延壓平整、展開，先就麵團寬度壓至成寬約30cm。再轉向延壓平整出長、厚度約0.7cm，用塑膠袋包覆，冷凍鬆弛約30分鐘。

▽

分割、整型、最後發酵

10　將麵團裁切成長30cm×寬6cm片狀（每片約220g）。

11　再將長條片由前端往下縱至底分切成二條（頂端預留，不切斷）。

12 將麵團平放，從上而下交錯編結至底。

13 收口稍按壓密合，再捲起成立體球型。

16 再放入發酵箱，最後發酵約90分鐘（溫度28℃，濕度75%），放置室溫乾燥約5-10分鐘。

▽

烘烤、表面裝飾

17 壓蓋烤盤，放入烤箱，以上火180℃／下火220℃，烤約22分鐘即可，出爐。

18 脫模。

21 篩灑上糖粉。

22 擠上覆盆子果醬。

23 用開心果碎點綴即可。

14 收口於底。

15 以斷面朝上，收口朝下，放入模型中，放置室溫30分鐘，待解凍回溫。

19 將底部朝上，表面塗刷果膠。

20 沾裹杏仁粒。

4

軟 Q 細緻
布里歐麵包

Brioche

經典的法式奶油麵包。以富含奶油與牛奶為特色，
麵團風味最為馥郁。
質地鬆軟宛如棉花般細緻的布里歐，與可頌麵包的成分相近，
配方的奶油含量至少高達麵粉的 30％，
不同的是可頌的奶油是裹入麵團裡反覆擀折，
而布里歐的奶油則是直接揉入麵團中，
且因奶油含量大不容易融合於麵團，
所以配方中多會有大量的蛋以幫助乳化。

柚香布里歐吐司

以編結的方式，在麵團內捲入杏仁奶油餡與葡萄乾、
柚子絲內餡，切口斷面，看得到夾層裡的內餡，
表層淋上糖霜，看起來像是糕點般。

類型 ── 布里歐類，糖油攪拌法

難易度 ── ★★

基本工序

攪拌
- 糖油攪拌。將奶油與糖攪拌鬆發，加入蛋攪拌至
  融合，加入其他材料攪拌均勻，冷凍12小時。
- 主麵團。將糖油麵團、主麵團所有材料慢速攪拌
  成團，轉中速攪拌至光滑9分筋。
- 攪拌完成溫度25℃。

▽

基本發酵
- 60分。

▽

分割
- 分割成250g。

▽

中間發酵
- 30分鐘。

▽

整型
- 擀成片狀，抹內餡，折成3折，稍擀平，切成2條，
  編結成型，放入模型中。

▽

最後發酵
- 90分（發酵箱28℃，75%）。

▽

烘烤
- 塗刷全蛋液。
- 烤22分鐘（180℃／200℃）。
- 擠上糖霜，用開心果碎點綴。

《 材料 》

▼ 糖油麵團（813g）

全蛋…200g
蛋黃…100g
細砂糖…200g
羅亞發酵奶油…250g
奶粉…60g
香草莢醬…3g

▼ 主麵團（1350g）

麥典麵包專用粉…900g
低筋麵粉…100g
鹽…15g
牛奶…300g
新鮮酵母…35g

▼ 內餡

杏仁奶油餡（P37）…240g
葡萄乾…160g
柚子絲…160g

▼ 表面用-糖霜

糖粉…100g
牛奶…20g

《 作法 》

事前準備

01　吐司紙模。

糖霜

02　將過篩糖粉與牛奶充分攪拌混合均勻至呈濃稠狀態，備用。

糖油攪拌法

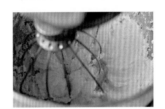

03　細砂糖、奶油攪拌鬆發。

04　分次慢慢加入全蛋、蛋黃攪拌融合，加入奶粉拌勻。

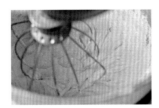

05　再加入香草莢醬拌勻即，冷凍約12小時。

06　將作法⑤、主麵團所有材料先慢速攪拌均勻成團。

07　再轉中速攪拌至表面成光滑，完全擴展約9分筋狀態（完成麵溫約25℃）。

基本發酵

08　將麵團放置室溫基本發酵約60分鐘。

切割、中間發酵

09　將麵團分割成250g，切口往底部收合滾圓，中間發酵約30分鐘。

整型、最後發酵

10　將杏仁奶油餡與葡萄乾、柚子絲攪拌混合均勻。

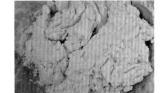

11　做成內餡。

12　將麵團輕拍壓後用擀麵棍由中間朝上、下擀成長方片狀。翻面，抹上內餡。

13　將麵團從底部往上折1/3折。

14　再將前端麵團從底部往下折1/3折。

15　用擀麵棍擀壓平。

16　翻面，收口處朝上，稍按壓麵團用切麵刀從上端壓切至底（上端預留不切斷）。

17　再以斷面朝上的方式，交叉編結至底成型。

18　壓合收口於底。

19　放入模型中，放入發酵箱，最後發酵約90分鐘（溫度28℃，濕度75%）。

20　待發酵至約8分滿，表面薄刷全蛋液。

烘烤、表面裝飾

21　放入烤箱，以上火180℃／下火200℃，烤約22分鐘即可，出爐。

22　表面擠上糖霜，灑上開心果碎即可。

米香芒果吐司

在滑潤而具香氣的布里歐麵團表面，
擠上一層墨西哥麵糊，
搭配烘烤受熱也不會焦融的米香粒，
增添口感層次。

類型——布里歐類，**70%中種法**

難易度——★★

基本工序

攪拌

· 中種麵團。將所有材料攪拌成團，冷藏發酵
  12小時。
· 主麵團。將中種麵團、主麵團所有材料慢速
  攪拌成團，中速攪拌至7分筋，分次加入奶
  油慢速攪拌勻，轉中速攪拌至光滑8分筋，
  加入芒果乾拌勻。
· 攪拌完成溫度25℃。

▽

基本發酵

· 60分。

▽

分割

· 100g×3個為組。

中間發酵

· 30分鐘。

▽

整型

· 整型成橢圓狀，3個為組，放入模型中。

▽

最後發酵

· 90分（發酵箱28℃，75%）。

▽

烘烤

· 擠上墨西哥麵糊、灑上米香粒。
· 烤22分鐘（160℃／200℃）。

▼ **中種麵團**（1215g）

麥典麵包專用粉…700g
細砂糖…60g
全蛋…240g
蛋黃…200g
新鮮酵母…15g

▼ **主麵團**（1295g）

A ┌ 麥典麵包專用粉…300g
  │ 細砂糖…120g
  │ 鹽…15g
  │ 新鮮酵母…20g
  └ 現搾柳橙汁…240g
B ─ 羅亞發酵奶油…300g
C ┌ 芒果乾…300g
  └ 米香粒…適量

▼ **墨西哥麵糊**（385g）

羅亞發酵奶油…100g
糖粉…100g
全蛋…85g
低筋麵粉…100g

―――――――《 作法 》―――――――

事前準備

01 吐司紙模。

▽

墨西哥麵糊

02 將奶油、糖粉攪拌均勻。

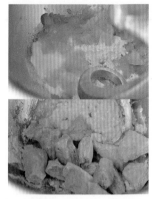

03 加入全蛋、過篩麵粉拌勻，即成。

▽

中種麵團

04 將中種麵團的所有材料以慢速攪拌均勻成團。將麵團覆蓋保鮮膜，室溫發酵30分鐘，再移置冷藏（約5℃）發酵12小時。

▽

混合攪拌－主麵團

05 將中種麵團、材料Ⓐ以慢速攪拌均勻成團，再轉中速攪拌至麵筋形成約7分筋。

06 再分3次加入奶油以慢速攪拌均勻。

07 再轉中速攪拌至表面成光滑，約8分筋狀態，加入芒果乾混合拌勻即可（完成麵溫約25℃）。

基本發酵

08　將麵團放置室溫基本發酵約60分鐘。

▽

切割、中間發酵

09　將麵團分割成100g（100g×3個為組）。

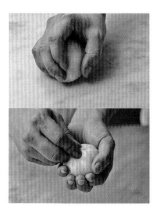

10　切口往底部收合滾圓，中間發酵約30分鐘。

▽

整型、最後發酵

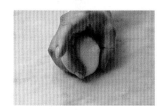

11　將麵團滾圓。

12　捏折收口整成平滑飽滿的圓球。

13　再揉成橢圓狀。

14　將麵團以3個為組。

15　收口朝下放入鋪好烤焙紙的吐司紙模中。

16　放入發酵箱，最後發酵約90分鐘（溫度28℃，濕度75%）。

17　待發酵至約8分滿，表面擠上墨西哥餡（50g）。

18　灑上米香粒。

▽

烘烤

19　放入烤箱，以上火160℃／下火200℃，烤約22分鐘即可，出爐。

雲朵皇冠布里歐

表層透過簡單的切劃，
膨脹起來的形狀相當漂亮有型，
質地滑潤而奶香味絕佳，
內層鬆軟帶有香濃獨特的鬆軟口感。

類型 —— 布里歐類

難易度 —— ★★

基本工序

攪拌

· 材料Ⓐ拌勻，加入材料Ⓑ慢速攪拌成團，加
　入新鮮酵母拌勻，轉中速攪拌至7分筋，分次
　加入奶油慢速攪拌勻，轉中速攪拌至光滑9分
　筋。
· 攪拌完成溫度25℃。

▽

基本發酵

· 60分。

▽

分割

· 100g×3個為組。

▽

中間發酵

· 30分鐘，收合滾圓。

▽

整型

· 整型成圓形。

▽

最後發酵

· 90分（發酵箱28℃，75%）。

▽

烘烤

· 刷蛋液，剪小刀口，擠奶油。
· 烤22分（170℃／200℃）。

《 材料 》

▼ **麵團**（2160g）

A
[麥典麵包專用粉…1000g
  上白糖…160g
  鹽…15g]

B
[蛋黃…200g
  全蛋…250g
  鮮奶油…100g
  水…100g]

C
[新鮮酵母…35g
  羅亞發酵奶油…300g]

《 作法 》

事前準備

01　吐司紙模。

▽

混合攪拌

02　材料Ⓐ先混合拌勻，加入材料Ⓑ慢速攪拌均勻成團。

03　加入新鮮酵母慢速攪拌均勻後，轉中速攪拌。

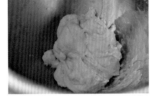

04　待麵團攪拌至約7分筋。

05　分3次加入奶油以慢速攪拌。

06　再轉中速攪拌至表面成光滑，約9分筋狀態（完成麵溫約25℃）。

POINT
上白糖可用等量的細砂糖代替。

▽

基本發酵

07　將麵團放置室溫基本發酵約60分鐘。

▽

切割、中間發酵

08　將麵團分割成100g×3個為組。

09　切口往底部收合滾圓。

10　中間發酵約30分鐘。

整型、最後發酵

11　將麵團滾圓稍拍扁，用擀麵棍由中間朝上下擀壓成長片狀。

12　翻面，底部稍延壓開（幫助黏合）。

13　將麵團從前端往下捲起至底，收口於底。

14　以3個為組，收口朝下放入吐司模中（重300g）。

15　放入發酵箱，最後發酵約90分鐘（溫度28℃，濕度75%），待發酵至約8分滿。

16　表面薄刷全蛋液。

17　並在麵團中心處剪出小刀口。

18　擠上少許奶油。

POINT

在切口擠上少許奶油，烘烤後會形成漂亮的裂紋。

烘烤

19　放入烤箱，以上火170℃／下火200℃，烤約22分鐘即可，出爐。

酣吉燒布里歐

膨鬆口感的布里歐麵團裡，包藏著香甜不膩的地瓜餡，
表面淋上焦糖牛奶醬，灑上酥菠蘿，
濃郁奶香氣味，滑潤而順口。

基本工序

攪拌

· 將所有材料（除上白糖外）先慢速攪拌成團，
  加入新鮮酵母拌勻，轉中速攪拌至7分筋，分
  次加入奶油慢速攪拌勻，加入上白糖攪拌勻，
  轉中速攪拌至光滑9分筋。
· 攪拌完成溫度25℃。

▽

基本發酵

· 60分。

▽

分割

· 切割300g。

▽

中間發酵

· 30分鐘。

▽

整型

· 拍扁，鋪上地瓜餡，起司片，捲成圓筒狀，分
  切成3段，放入模型中。
· 擠上焦糖牛奶餡，灑上酥菠蘿。

▽

最後發酵

· 90分（發酵箱28℃，75%）。

▽

烘烤

· 烤28分（170℃／220℃）。
· 篩灑糖粉。

類型——布里歐類，後糖攪拌法　　難易度——★★

《 材料 》

▼ 麵團（2230g）

A
```
麥典麵包專用粉…1000g
上白糖…180g
鹽…15g
```

B
```
牛奶…250g
蛋…200g
水…200g
```

C
```
新鮮酵母…35g
羅亞發酵奶油…350g
```

▼ 焦糖牛奶醬

細砂糖…70g
蜂蜜…30g
鮮奶油…80g

▼ 內餡（每條）

地瓜餡…70g
起司片…3片

▼ 表面用

酥菠蘿（P112）、糖粉

《 作法 》

焦糖牛奶醬

01　將細砂糖、蜂蜜煮至焦化。

02　慢慢加入鮮奶油拌煮至濃稠。

▽

混合攪拌

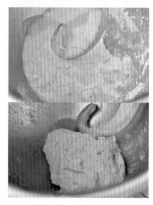

03　將材料Ⓐ（除上白糖外）先混合攪拌均勻，加入材料Ⓑ慢速攪拌均勻成團。

04　再加入新鮮酵母慢速攪拌均勻後，轉中速攪拌。

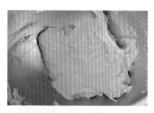

05　待麵團攪拌至約7分筋。

06　分3次加入奶油以慢速攪拌。

07　加入上白糖攪拌均勻，再轉中速攪拌至表面成光滑。

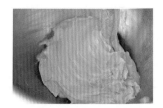

08　約9分筋狀態（完成麵溫約25℃）。

POINT

上白糖可用等量的細砂糖代替。

▽

基本發酵

09　將麵團放置室溫基本發酵約60分鐘。

▽

切割、中間發酵

10　將麵團分割成300g，切口往底部收合滾圓。

11 中間發酵約30分鐘。

▽

整型、最後發酵

12 將麵團拍壓平做對折翻麵將氣體排出。

13 再來回輕拍壓成長片狀。

14 翻面縱放，並將底部稍壓延開延展開（幫助黏合）。

15 抹上地瓜餡（約70g）。

16 再鋪放上起司片。

POINT
這裡使用的地瓜餡，為烤熟後，剝除外皮，搗壓成泥使用。

17 將麵團從上往下捲起至底。

18 收口於底，成圓柱狀。

19 再分切成3等份。

20 以3個為組將切口斷面朝上，放入吐司模中。

21 放入發酵箱，最後發酵約90分鐘（溫度28℃，濕度75%）。

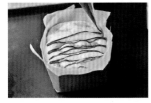

22 待發酵至約8分滿，擠上焦糖牛奶醬。

23 表面灑上酥菠蘿。

▽

烘烤、表面裝飾

24 放入烤箱，以上火170℃／下火220℃，烤約28分鐘即可，出爐。

25 表面篩灑上糖粉即可。

潘那朵妮

以傳統製法烘烤，不管香氣或風味都十分濃郁，
保存時間較長，
麵包體裡有酒漬果乾，香氣迷人，
隨著存放時間風味越熟成可口。

基本工序

前置作業
・將果乾材料拌勻冷藏浸漬7天。

▽

攪拌
・中種麵團。將所有材料攪拌成團，室溫發酵2
　小時，冷藏發酵12小時。
・主麵團。將主麵團材料Ⓐ慢速攪拌成團，加入
　中種麵團攪拌均勻，中速攪拌至7分筋，分次
　加入奶油慢速攪拌勻，轉中速攪拌至光滑9分
　筋，加入浸漬入味的果乾拌勻。
・攪拌完成溫度25℃。

▽

基本發酵
・90分。

▽

分割
・分割350g。

▽

中間發酵
・30分鐘。

▽

整型
・整型成圓狀，放入模型中。

▽

最後發酵
・120分鐘（發酵箱28℃，75%）。
・塗刷全蛋液，割十字刀紋，擠上奶油。

▽

烘烤
・烤25分鐘（175℃／170℃）。

類型 —— 布里歐類　　　難易度 —— ★★★

《 材料 》

▼ **中種麵團**（771g）

麥典麵包專用粉…500g
水…266g
麥芽精…3g
高糖酵母…2g

▼ **主麵團**（2078g）

A
麥典麵包專用粉…500g
水…134g
鹽…15g
全蛋…267g
細砂糖…150g
高糖酵母…12g

B － 羅亞發酵奶油…400g

C
葡萄乾…200g
杏桃乾…100g
橘皮丁…100g
檸檬皮絲…100g
君度橙酒…100g

《 作法 》

事前準備

01 圓形紙模。

▽

前置作業

02 將所有材料Ⓒ混合拌勻後密封冷藏浸漬約7天至充分入味。

▽

中種麵團

03 將高糖酵母先加入水中拌勻融化。將中種麵團的所有材料、融化的酵母以慢速攪拌均勻成團。

04 再將麵團覆蓋保鮮膜，室溫發酵2小時，再移置冷藏（約5℃）發酵12小時。

▽

混合攪拌－主麵團

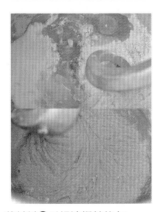

05 將材料Ⓐ以慢速攪拌均勻。

06 加入中種麵團攪拌成團。

07 再轉中速攪拌至麵筋形成約7分筋。

08 再分3次加入奶油以慢速攪拌均勻。

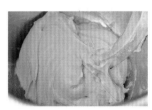

09 再轉中速攪拌至表面成光滑，約9分筋狀態。

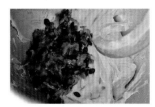

10 加入作法②浸漬果乾混合拌勻即可（完成麵溫約25℃）。

基本發酵

11　將麵團放置室溫基本發酵約90分鐘。

16　捏緊底部收口。

21　在十字切痕處擠上奶油。

切割、中間發酵

12　將麵團分割成350g。

13　切口往底部收合滾圓，中間發酵約30分鐘。

整型、最後發酵

14　將麵團拍壓平再做對折翻麵將氣體排出。

15　滾圓整型成平滑飽滿的圓球狀。

17　收口朝下，放入紙模中，沿著麵團周圍緊壓，讓中間的麵團凸起。

18　放入發酵箱，最後發酵約120分鐘（溫度28℃，濕度75%）。

19　待麵團發酵至杯模的9分滿，在表面塗刷全蛋液。

20　用小刀在表面中心處切割出十字形切痕。

烘烤

22　放入烤箱，以上火175℃／下火170℃，烤約25分鐘即可，出爐後連同紙模一起置放涼架上冷卻。

23　完成的斷面組織。

摩卡巧克力潘那朵妮

傳統上使用砂糖、蛋、奶油，
以及特定比例的酒漬果乾搭配老麵製作，
這裡改以中種麵團，並搭配乳酪餡、巧克力，
做成帶有咖啡香氣風味。

基本工序

攪拌
- 中種麵團。將所有材料攪拌成團，室溫發酵2小時，冷藏發酵12小時。
- 主麵團。將主麵團材料Ⓐ慢速攪拌成團，加入中種麵團攪拌均勻；中速攪拌至7分筋，分次加入奶油慢速攪拌勻，轉中速攪拌至光滑9分筋，加入水滴巧克力拌勻。
- 攪拌完成溫度25℃。

基本發酵
- 90分。

分割
- 分割350g。

中間發酵
- 30分鐘。

整型
- 滾圓，拍扁，擠上乳酪餡，灑上水滴巧克力，折3折，再擠上乳酪餡，灑上水滴巧克力，收口整型成圓球狀，放入模型中。

最後發酵
- 120分鐘（發酵箱28℃，75%）。
- 擠上巧克力麵糊，灑上杏仁片、珍珠糖、糖粉。

烘烤
- 烤25分鐘（175℃／170℃）。

類型——布里歐類

難易度——★★★

219

《 材料 》

▼ 中種麵團（771g）

麥典麵包專用粉…500g
水…266g
麥芽精…3g
高糖酵母…2g

▼ 主麵團（1698g）

　　┌ 麥典麵包專用粉…500g
　　│ 水…134g
　　│ 鹽…15g
A │ 全蛋…267g
　　│ 細砂糖…150g
　　│ 高糖酵母…12g
　　└ 即溶咖啡粉…20g
B – 羅亞發酵奶油…400g
C – 水滴巧克力…200g

▼ 乳酪餡

　　┌ 奶油乳酪…400g
A │ 糖粉…40g
　　└ 牛奶…18g
B – 水滴巧克力

▼ 表面用

巧克力麵糊
杏仁片、珍珠糖、糖粉

《 作法 》

乳酪餡

01　將奶油乳酪加入細砂糖拌勻，再
　　加入牛奶攪拌混合均勻即可。

▽

中種麵團

02　將高糖酵母先加入水中拌勻融
　　化。將中種麵團的所有材料、融
　　化的酵母以慢速攪拌均勻成團。

03　再將麵團覆蓋保鮮膜，室溫發酵
　　2小時，再移置冷藏（約5℃）
　　發酵12小時。

▽

混合攪拌－主麵團

04　將材料Ⓐ以慢速攪拌均勻成團，
　　加入中種麵團攪拌均勻，再轉
　　中速攪拌至麵筋形成約7分筋，
　　再分3次加入奶油以慢速攪拌均
　　勻，再轉中速攪拌至表面成光
　　滑，約9分筋狀態。

05　加入水滴巧克力混合拌勻即可
　　（完成麵溫約25℃）。

▽

基本發酵

06　將麵團放置室溫基本發酵約90
　　分鐘。

▽

切割、中間發酵

07　將麵團分割成350g。

08　切口往底部收合滾圓，中間發酵
　　約30分鐘。

▽

整型、最後發酵

09　將麵團拍壓平做對折翻麵將氣體
　　排出。

10　拍平成圓扁形。

11　翻面，擠上乳酪餡（30g）。

12　灑上水滴巧克力。

13　從麵團前端往下折捲1/3折。

14　再將下端麵團往上折捲1/3成3折。

15　表面再擠上乳酪餡、灑上水滴巧克力。

16　再將左右、上下兩兩對角拉起。

17　捏緊收口整成平滑飽滿的圓球狀，收口朝下，放入紙模中即可。

18　放入發酵箱，最後發酵約120分鐘（溫度28℃，濕度75%）。

19　待麵團發酵至杯模的9分滿，在麵團表面處擠上巧克力麵糊。

20　放上杏仁片、珍珠糖，篩灑上糖粉。

烘烤

21　放入烤箱，以上火175℃／下火170℃，烤約25分鐘即可，出爐後連同紙模一起置放涼架上冷卻，篩灑上糖粉即可。

巧克力麵糊

《 材料 》

羅亞發酵奶油100g、糖粉50g、全蛋50g、杏仁粉30g、低筋麵粉70g、可可粉10g

《 作法 》

將奶油、糖粉攪拌鬆發，加入蛋、過篩的粉類混合拌勻即可。

培根鄉村布里歐

表層鋪滿濃郁的紅醬餡料，
加上香氣十足的培根、蔬食等，
營造出豐富視覺與口感，
鹹鮮的滋味與柔軟的麵包體相當的合拍。

類型——布里歐類，後糖法
難易度——★★

基本工序

攪拌
· 將所有材料（除上白糖外）先慢速攪拌成團，加
　入新鮮酵母拌勻，轉中速攪拌至7分筋，分次加
　入奶油慢速攪拌勻，加入上白糖攪拌勻，轉中速
　攪拌至光滑9分筋。
· 攪拌完成溫度25℃。

▽

基本發酵
· 60分。

▽

分割
· 分割240g。

▽

中間發酵
· 30分鐘。

▽

整型
· 製作紅醬內餡。
· 拍扁，鋪上培根、起司絲，捲成圓筒狀，3個為
　組對切（不切斷），放入模型中。

▽

最後發酵
· 90分（發酵箱28℃，75%）。

▽

烘烤
· 鋪上紅醬等餡料，烤35分（200℃／220℃）。
· 刷油，灑上乾燥香蔥。

《 材料 》

▼ **麵團**（2075g）

A
麥典麵包專用粉…900g
麥典法國粉…100g
上白糖…120g
鹽…20g

B
全蛋…200g
牛奶…200g
水…250g

C
新鮮酵母…35g
羅亞發酵奶油…250g

▼ **紅醬餡**

A
豬絞肉…200g
洋蔥絲…130g
豬油…50g

B
番茄糊…70g
義大利香料…10g
鹽…少許
細砂糖…少許
黑胡椒粒…少許
鮮奶油…70g
馬鈴薯泥…100g

C - 起司絲…30g

▼ **內餡&表層**（每條）

A
培根…3片
起司丁…30g

B
小番茄…3顆
黑橄欖片…4顆
起司絲…30g

▼ **裝飾用**

橄欖油、乾燥香蔥

《 作法 》

事前準備

01　8兩吐司模。

▽

紅醬餡

02　鍋中放入豬油炒香洋蔥絲，再放入豬絞肉拌炒至肉色變白，加入材料B煮至入味，放入起司絲即成紅醬餡。

▽

混合攪拌

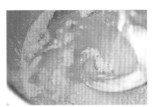

03　材料Ⓐ（除上白糖外）、材料Ⓑ混合拌勻。

04　慢速攪拌均勻成團。

05　加入新鮮酵母慢速攪拌均勻後，轉中速攪拌。

06　待麵團攪拌至約7分筋。

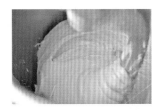

07　分3次加入奶油以慢速攪拌。

08　加入上白糖攪拌均勻，再轉中速攪拌至表面成光滑，約9分筋狀態（完成麵溫約25℃）。

223

基本發酵

09 將麵團放置室溫基本發酵約60分鐘。

切割、中間發酵

10 將麵團分割成80g×3個，切口往底部收合滾圓。

11 中間發酵約30分鐘。

整型、最後發酵

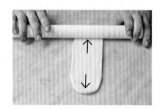

12 將麵團輕拍壓後用擀麵棍由中間朝上、下擀成長片狀。

13 翻面，底部兩端稍壓延開（幫助黏合）。

14 鋪放入培根片。

15 再鋪放上起司丁（10g）。

16 將麵團從上往下捲起至底，收口於底，成長條狀。

17 以3個為組，對切（不切斷）。

18 切口斷面朝上，放入吐司模中。

19 放入發酵箱，最後發酵約90分鐘（溫度28℃，濕度75%）。

20 待發酵至約7分滿，抹上紅醬餡（75g）。

21 再放上對切的小番茄（6片）、黑橄欖片（8片），最後撒上起司絲（30g）即可。

烘烤

22 放入烤箱，以上火200℃／下火220℃，烤約35分鐘即可，出爐、脫模，塗刷橄欖油，撒上乾燥香蔥即可。

蘑菇百匯布里歐

布里歐麵團中包捲入起司、燻雞肉，
表層再淋上特製的蘑菇白醬，
集口感香氣與視覺美味的鹹味布里歐。

類型 ─── 布里歐麵，後糖法

難易度 ─── ★★

基本工序

攪拌
· 將所有材料（除上白糖外）先慢速攪拌成團，
  加入新鮮酵母拌勻，轉中速攪拌至7分筋，分
  次加入奶油慢速攪拌勻，加入上白糖攪拌勻，
  轉中速攪拌至光滑9分筋。
· 攪拌完成溫度25℃。

▽

基本發酵
· 60分。

▽

分割
· 分割240g。

中間發酵
· 30分鐘。

▽

整型
· 製作野菇醬內餡。
· 拍扁，鋪上燻雞腿肉、起司丁，捲成圓筒狀，3個
  為組對切（不切斷），放入模型中。

▽

最後發酵
· 90分（發酵箱28℃，75%）。

▽

烘烤
· 鋪上白醬等餡料，烤35分（200℃／220℃）。
· 刷油，灑上乾燥香蔥。

───── 《 材料 》─────

▼ **麵團**（2075g）

A
- 麥典麵包專用粉…900g
- 麥典法國粉…100g
- 上白糖…120g
- 鹽…20g

B
- 全蛋…200g
- 牛奶…200g
- 水…250g

C
- 新鮮酵母…35g
- 羅亞發酵奶油…250g

▼ **野菇餡**

A
- 麥典麵包專用粉…15g
- 羅亞發酵奶油…15g
- 鮮奶油…150g
- 全蛋…30g
- 起司絲…60g
- 蘑菇醬…70g
- 鹽…5g

B
- 豬油…50g
- 金針菇…150g
- 蘑菇片…150g

▼ **內餡**（每條）

雞腿肉…60g
起司丁…30g

▼ **表層用**（每條）

杏鮑菇…4塊
紅甜椒…3片
黃甜椒…3片
起司絲…30g

▼ **裝飾用**

橄欖油、乾燥香蔥

───── 《 作法 》─────

事前準備

01　8兩吐司模。

▽

蘑菇餡

02　將麵粉放入略拌炒，加入奶油，再加入其他材料Ⓐ拌煮均勻。

03　另起鍋，放入豬油加入金針菇、蘑菇片拌炒香。

04　再加入作法②煮至濃稠。

麵團製作

05 參照「培根鄉村布里歐」P222-224，作法3-11的製作方式，攪拌、基本發酵、切割、中間發酵，完成麵團的製作。

整型、最後發酵

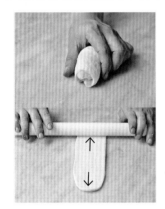

06 將麵團輕拍壓後用擀麵棍由中間朝上、下擀成長片狀。

07 翻面，底部兩端稍壓延開（幫助黏合）。

08 鋪放雞腿肉（20g）。

09 再鋪放上起司丁（10g）。

10 將麵團從上往下捲起至底，收口於底，成長條狀。

11 並以3個為組對切（不切斷）。

12 切口斷面朝上，放入吐司模中。

13 放入發酵箱，最後發酵約90分鐘（溫度28℃，濕度75%）。

14 待發酵至約7分滿，抹上野菇餡（75g）。

15 鋪放上杏鮑菇塊（4塊）、紅黃甜椒（各3片）。

16 最後撒上起司絲（30g）即可。

烘烤

17 放入烤箱，以上火200℃／下火220℃，烤約35分鐘即可，出爐、脫模，塗刷橄欖油，撒上乾燥香蔥即可。

挑戰極限，
手「擀」的極品風味！

源於法式工法的細膩堅持，手擀蓬鬆細緻的酥層美味，
挑戰酥層極致的手擀工藝，體驗蓬鬆酥脆的極品風味。

Special Thanks

本書能順利拍攝完成，特別感謝：統一麵粉、統清股份
有限公司、Lilian's House專業烘焙學苑的鼎力相助。

CROISSANT
DANISH PASTRY
MARBLE BREAD
BRIOCHE

國家圖書館出版品預行編目（CIP）資料

游東運 可頌丹麥麵包頂級工法全書／游東運著 . -- 初版 .
-- 臺北市：原水文化出版：家庭傳媒城邦分公司發行，
2020.11
面；　公分 . --（烘焙職人系列；2）

ISBN 978-986-99456-4-6（平裝）

1. 點心食譜　2. 麵包

427.16　　　　　　　　　　　　　　　　109016650

烘焙職人系列 **002**

游東運 可頌丹麥麵包頂級工法全書

作　　　者 ╱	游東運
特 約 主 編 ╱	蘇雅一
責 任 編 輯 ╱	潘玉女

行 銷 經 理 ╱	王維君
業 務 經 理 ╱	羅越華
總 編 輯 ╱	林小鈴
發 行 人 ╱	何飛鵬
出　　　版 ╱	原水文化

台北市民生東路二段 141 號 8 樓
電話：02-25007008　　傳真：02-25027676
E-mail：H2O@cite.com.tw　　Blog：http:citeh2o.pixnet.net/blog/
FB 粉絲專頁：https://www.facebook.com/citeh2o/

發　　　行 ╱	英屬蓋曼群島商家庭傳媒股份有限公司城邦分公司

台北市中山區民生東路二段 141 號 11 樓
書虫客服服務專線：02-25007718・02-25007719
24 小時傳真服務：02-25001990・02-25001991
服務時間：週一至週五 09:30-12:00・13:30-17:00
讀者服務信箱 email：service@readingclub.com.tw

劃 撥 帳 號 ╱	19863813　　戶名：書虫股份有限公司
香 港 發 行 所 ╱	城邦（香港）出版集團有限公司

地址：香港灣仔駱克道 193 號東超商業中心 1 樓
Email：hkcite@biznetvigator.com
電話：(852)25086231　　傳真：(852) 25789337

馬 新 發 行 所 ╱	城邦（馬新）出版集團

41, Jalan Radin Anum, Bandar Baru Sri Petaling,
57000 Kuala Lumpur, Malaysia.
電話：(603) 90578822　　傳真：(603) 90576622
電郵：cite@cite.com.my

美 術 設 計 ╱	陳育彤
攝　　　影 ╱	周禎和
製 版 印 刷 ╱	卡樂彩色製版印刷有限公司

城邦讀書花園
www.cite.com.tw

初　　　版 ╱	2020 年 11 月 17 日
初 版 3 刷 ╱	2022 年 11 月 04 日
定　　　價 ╱	650 元

ISBN　978-986-99456-4-6